Payal R. Patel
Shehul K. Chawda

Murchidão da cabaça pontiaguda causada por Fusarium sp. e sua gestão

Payal R. Patel

Shehul K. Chawda

Murchidão da cabaça pontiaguda causada por Fusarium sp. e sua gestão

ScienciaScripts

Imprint

Any brand names and product names mentioned in this book are subject to trademark, brand or patent protection and are trademarks or registered trademarks of their respective holders. The use of brand names, product names, common names, trade names, product descriptions etc. even without a particular marking in this work is in no way to be construed to mean that such names may be regarded as unrestricted in respect of trademark and brand protection legislation and could thus be used by anyone.

Cover image: www.ingimage.com

This book is a translation from the original published under ISBN 978-620-7-45832-5.

Publisher:
Sciencia Scripts
is a trademark of
Dodo Books Indian Ocean Ltd. and OmniScriptum S.R.L publishing group

120 High Road, East Finchley, London, N2 9ED, United Kingdom
Str. Armeneasca 28/1, office 1, Chisinau MD-2012, Republic of Moldova, Europe
Printed at: see last page
ISBN: 978-620-7-79881-0

Conteúdo

RESUMO

A presente investigação foi realizada no Departamento de Patologia Vegetal, N. M. College of Agriculture, Navsari Agricultural University, Navsari (Gujarat) durante o ano de 2020-2021.

A cabaça pontiaguda é uma das mais importantes culturas de cucurbitáceas do Sul de Gujarat, particularmente em Olpad, Mahuva e Chikhli, bloco do distrito de Surat. A cabaça pontiaguda é afetada negativamente por vários factores abióticos e bióticos, incluindo insectos, pragas, bactérias, nemátodos e fungos em proporções variáveis. Entre eles, a murchidão da cabaça pontiaguda causada por *Fusarium solani* (Mart.) Sacc. é uma das principais ameaças a uma cultura rentável no sul de Gujarat. Por conseguinte, a presente investigação sobre "Estudos sobre a murchidão da cabaça pontiaguda causada por *Fusarium* sp. e sua gestão" foi empreendida para estudar os vários aspectos da doença, *nomeadamente* a sintomatologia, o isolamento, a purificação, a identificação do agente patogénico e a patogenicidade, a avaliação *in vitro* de fitoextratos, a avaliação *in vitro* e *in vivo* dos fungicidas e bioagentes mais eficazes contra *F. solani.*

Os sintomas da doença aparecem como amarelecimento das folhas e queda das folhas médias e inferiores, que mais tarde se espalha para o topo da planta. O sintoma de murchidão é acompanhado de clorose das folhas, seguida de necrose e, finalmente, da morte da planta. A descoloração vascular do caule estende-se a toda a planta e, quando as raízes das plantas infectadas são abertas e examinadas, surge uma descoloração negra acastanhada do sistema vascular.

O patógeno foi isolado com sucesso de parte da planta infetada, revelando a associação de *Fusarium solani* (Mart.) Sacc. A cultura foi obtida em placas de ágar batata dextrose e caracterizada. A patogenicidade de *Fusarium solani* foi comprovada com êxito em vaso através do método de inoculação no solo com uma cultura em massa do agente patogénico testado. Os sintomas produzidos em plantas doentes inoculadas artificialmente mostram sintomas semelhantes aos das plantas infectadas naturalmente. Os caracteres microscópicos do fungo re-isolado eram os mesmos que os registados na cultura original do fungo testado e as características das colónias de ambas as culturas também eram as mesmas. Com base na sintomatologia, nas características culturais e morfológicas, nas observações microscópicas e no teste de patogenicidade, o agente patogénico testado foi identificado como *F. solani* e confirmado por comparação com a literatura autêntica.

O fitoextrato de seis espécies de plantas comuns foi avaliado *in vitro* pela técnica do veneno alimentar contra o agente patogénico. O extrato de folhas de neem (*Azadiracta indica*) foi significativamente mais eficaz, com a maior inibição do crescimento micelial (42,62%), o que foi encontrado a par com NSKE (41,30%), seguido de cebola (*Allium cepa*), hortelã (*Mentha arvensis*), gengibre (*Zingiber officinalis*) para inibir o crescimento micelial de *F. solani.* O maior crescimento de colónias e a menor percentagem de inibição foram observados no alho.

Os sete fungicidas com as suas três concentrações (cada uma a 50, 100 e 250 ppm) foram testados *in vitro* para avaliar a sua eficácia contra *F. solani* através da técnica de alimentos venenosos. Entre eles, o propiconazol 25 EC (75,51%) foi considerado eficaz, a par do tiofanato metílico 70 WP (74,70%). O segundo melhor, por ordem de mérito, foi o carbendazime 12% + mancozebe 63% WP (72,92%), seguido do hexaconazol 5 SC (70,14%), que foi igual ao carbendazime 50 WP (68,74%), azoxistrobina 18,2% + difenconazol 11,4% SC (64,15%) contra *F. solani.* A azoxistrobina 23 SC (60,63%) foi a menos eficaz contra *F.*

solani.

Entre os diferentes agentes de biocontrolo testados *in vitro* quanto ao seu antagonismo contra *Fusarium solani* através da técnica de cultura dupla, *Trichoderma harzianum* (72,33%) e *T. viride* (70,81%) pareceram ser antagonistas potentes, seguidos de *Aspergillus niger* (69,00%), *Psuedomonas fluorescens* (65,48%), *Bacillus subtilis* (56,81%) e *Chaetomium globosum* (41,41%). *O Chaetomium globosum* foi considerado o menos eficaz contra o agente patogénico.

Dois fungicidas e três bioagentes que foram considerados mais eficazes em condições laboratoriais foram avaliados em condições de vaso. Entre eles, o propiconazole25 EC @0.1% (80.00%) (T1) provou ser o mais promissor contra *F. solani*. O segundo melhor foi o tiofanato metílico 70 WP @0,1% (70,00%) (T2), seguido por *T. harzianum* (66,67%) (T3) e *T. viride* (63,33%) (T4) para controlar a doença da murcha da cabaça pontiaguda em condições de vaso. *Aspergillus niger* (60,00%) (T5) foi considerado menos eficaz contra *F. solani.*

CAPÍTULO 1

INTRODUÇÃO

A cabaça pontiaguda (*Trichosanthes dioica* Roxb.) é uma planta trepadeira herbácea anual ou perene vulgarmente conhecida como cabaça pontiaguda (inglês), Putulika (sânscrito), Parval (hindi), Patola (gujarati) e Patol (bengali). O centro de origem é a zona de Bengala-Assam ou a região indo-malaia. É chamada "Rei das cabaças" devido ao seu teor de nutrientes mais elevado do que o de outras cucurbitáceas e pertence à família Cucurbitaceae (Mondal *et al.*, 2014).

É morfologicamente distinta de outras espécies de cucurbitáceas devido à sua natureza perene, dioecismo bem estabelecido e meios vegetativos de propagação (Mondal *et al.*, 2014). Uma vez que se trata de uma cultura dióica, é necessário um rácio macho/fêmea de 1:9 no campo para garantir uma boa frutificação e rendimento.

A cabaça pontiaguda é considerada um legume de pobre. O seu fruto é bom para curar doenças cardíacas e cerebrais, tem propriedades diuréticas e laxantes e é também cardiotónico. É recomendada contra a bronquite, a biliosidade, a febre alta e o nervosismo. Controla o colesterol e o açúcar no sangue, emagrece, trata a prisão de ventre, cura doenças do sangue e da pele, reduz a gripe e tem propriedades anti-envelhecimento. Devido ao seu elevado valor medicinal, está a tornar-se popular de dia para dia no país (Kumar, 2011). Tem um baixo teor de cucurbitacina, o que a torna um vegetal importante. Apenas 100 gramas de cabaça pontiaguda fornecem boas quantidades de vitamina A e C, potássio, magnésio, fósforo e muitos outros micronutrientes, enquanto tem apenas 24 calorias. Por conseguinte, é uma óptima escolha para as pessoas que querem reduzir a sua ingestão de calorias e aumentar o seu consumo nutricional. É também uma óptima fonte de cálcio, que é necessário para a saúde dos ossos. No antigo sistema de medicina indiano da ayurveda, a cabaça pontiaguda é utilizada para tratar muitas doenças, incluindo problemas gástricos.

Esta ciência antiga também utiliza a cabaça pontiaguda para tratar infecções cutâneas, febre e obstipação. Além disso, o extrato de sementes possui uma atividade de hemaglutinação que pode ter algumas aplicações de diagnóstico. Os frutos imaturos não maduros são consumidos como legumes, como caril ou fritos no nosso país. As suas folhas jovens são muito nutritivas e raramente utilizadas como vegetais de folha. As folhas e os caules tenros da sua videira são também utilizados na preparação de sopas. As pontas dos rebentos também são consumidas. É cozinhada de várias formas, isoladamente ou em combinação com outros legumes ou carnes. Tem um elevado valor industrial, uma vez que se podem fazer diferentes tipos de compota, geleia e pickles a partir deste vegetal.

A cabaça pontiaguda (*Trichosanthes dioica* Roxb.) é uma das cucurbitáceas mais importantes nas regiões asiáticas tropicais e subtropicais do mundo, particularmente na Índia e no Bangladesh como legume de fevereiro a setembro e também no Paquistão, Myanmar, Nepal e Sri Lanka. É amplamente cultivada nos estados da Índia Oriental, nomeadamente em Bihar, Uttar Pradesh Oriental, Bengala Ocidental, Assam, Tripura e, em certa medida, em Orissa (Khare, 2004). Também é cultivada em Madhya Pradesh, Maharashtra e Gujarat. É uma cultura importante no Sul de Gujarat, nomeadamente nos blocos de Olpad, Mahuva e Chikhli. Esta cultura é amplamente aceite e está disponível durante cerca de oito a dez meses por ano.

De acordo com a terceira estimativa antecipada do Conselho Nacional de Horticultura 2018-19, a cabaça pontiaguda está a crescer numa área de 55 mil hectares e produziu 740 mil toneladas na Índia. Na Índia, a área total cultivada com cabaça pontiaguda é de 20 mil hectares, com uma produção anual de 325 mil toneladas (Anon., 2019). A produtividade da cabaça pontiaguda na Índia foi de 19,27 t/ha em 2014-15 e de 14,66 t/ha em 2015-16. Na Índia, é cultivada em grande escala principalmente nos estados de Bihar (69,60 MT) e Uttar Pradesh (53,91 MT) e, em menor escala, em Jharkhand, Bengala Ocidental, Orissa e Gujarat (National Horticultural Board, 2016).

A cabaça pontiaguda tem melhor desempenho num clima quente e húmido, onde as chuvas são abundantes. Uma humidade elevada favorece o crescimento e o desenvolvimento dos frutos. As temperaturas entre 30 °C e 35 °C são consideradas óptimas para o crescimento e a frutificação, enquanto as temperaturas inferiores a 20 °C restringem o crescimento. As videiras frescas utilizadas para a plantação no campo devem ter 8-10 nós por estaca e devem ser parcial ou totalmente desfolhadas para controlar a transpiração. A distância entre plantas é mantida entre 1,5-2,0 m x 1,5-2,0 m, consoante o método de condução das videiras. Uma relação fêmea: macho de 9:1 é óptima para assegurar uma frutificação máxima. A cabaça pontiaguda prefere um solo franco-arenoso bem drenado e com boa fertilidade (Anon., 2019).

A propagação da cabaça pontiaguda a partir de sementes não é desejável devido à fraca germinação das sementes, bem como ao dioecismo que resulta em cerca de 50% de plantas masculinas improdutivas. Tradicionalmente, a cabaça pontiaguda é multiplicada através do corte do caule e de rebentos de raiz (Pandey e Ram, 2000). As plantas cultivadas a partir de sementes são fracas, têm folhas pequenas e necessitam de um ano para produzir frutos.

Tal como outras culturas, a cabaça pontiaguda é afetada negativamente por vários factores abióticos e bióticos, incluindo insectos, pragas, bactérias, nemátodos e fungos em proporções variáveis. É também atacada por um certo número de doenças em todas as fases de crescimento da cultura. Entre estas, contam-se a podridão dos frutos causada por *Fusarium cingulata, Alternaria alternate, Glomerella cingulata*, o míldio causado por *Rhizoctonia solani*, o amortecimento causado por *Pythium aphanidermatum*, o oídio causado por *Erysiphe cichoraciarum*, a podridão da extremidade do caule causada por *Phytophthora cinnamomi,* o míldio causado por *Pseudomonaspora cubensis* e a murchidão de *Fusarium* causada por *Fusarium solani,* registados na cabaça pontiaguda.

A murcha de Fusarium é uma das principais doenças destruidoras. A murchidão é uma grande ameaça para a agricultura. Trata-se de um fungo cosmopolita transmitido pelo solo, com membros saprófitos e patogénicos. É semelhante em todas as cucurbitáceas e depende de vários factores, incluindo a quantidade de inóculo no solo, as condições ambientais, os nutrientes e a suscetibilidade do hospedeiro. Caracteriza-se pela secagem das videiras, folhas e frutos, amarelecimento e queda das folhas, descoloração e, numa fase posterior, murchamento total. Os sintomas de murchidão são acompanhados de clorose das folhas, seguida de necrose e, finalmente, da morte da planta. A descoloração vascular do caule estendia-se a toda a planta e, quando as raízes das plantas infectadas eram abertas e examinadas, aparecia uma descoloração negra acastanhada do sistema vascular. A infeção precoce das plantas impede o desenvolvimento dos frutos, enquanto que a infeção tardia resulta em frutos pequenos e anormais. Também se observou o amortecimento pós-emergência das plântulas.

A gestão da murcha de fusarium é muito difícil devido à natureza persistente dos clamidósporos (10 a 15 anos) e ao desenvolvimento de novas raças fisiológicas (Rahman *et al.,* 2021). Os clamidósporos são o principal meio de sobrevivência e formam-se normalmente em condições de crescimento subóptimo para o fungo ou de morte da planta hospedeira. No entanto, para controlar a doença da murchidão de fusarium, estão atualmente a ser utilizadas diferentes estratégias na agricultura. Uma delas é a utilização de agentes biológicos, de plantas e de alterações orgânicas, que constituem uma abordagem alternativa eficaz e sustentável para controlar o crescimento e a reprodução do agente patogénico da fusariose. A utilização de produtos químicos de largo espetro também evita novas infecções. Uma ressalva a estes compostos químicos é que também afectam os microrganismos benéficos do solo (Lopez-Aranda *et al.*, 2016).

A murcha de Fusarium da cabaça pontiaguda causada por *Fusarium solani* foi registada pela primeira vez em Varanasi, na Índia (Singh e Khare, 1974). Tendo em conta a importância desta doença e as perdas causadas todos os anos no Sul de Gujarat, este problema é selecionado. A murchidão da cabaça pontiaguda é uma doença fúngica grave causada por *Fusarium solani* (Mart.) Sacc. Os sintomas típicos da murchidão da cabaça pontiaguda incluem lesões necróticas, murchidão vascular e murchidão das raízes, que induzem graves perdas de rendimento. O controlo das doenças fúngicas baseia-se principalmente no controlo químico. No entanto, a utilização de pesticidas químicos não é aconselhável para as doenças transmitidas pelo solo devido ao seu elevado custo e baixa eficiência.

Objectivos:

1. Sintomatologia, isolamento, purificação, identificação e comprovação da patogenicidade do fungo indutor da murchidão
2. Avaliação de diferentes extractos de plantas contra *Fusarium solani in vitro*
3. Avaliação de diferentes fungicidas contra *Fusarium solani in vitro*
4. Bio-eficácia de diferentes agentes de biocontrolo (BCA) contra *Fusarium solani in vitro*
5. Avaliação dos fungicidas e agentes de biocontrolo mais eficientes em condições de vaso

Aspectos de investigação realizados durante o trabalho de investigação:

1.1 Sintomatologia, isolamento, purificação, identificação e comprovação da patogenicidade do fungo indutor da murchidão

1.1.1 Sintomatologia

1.1.2 Isolamento, purificação e identificação do agente patogénico

1.1.3 Teste de patogenicidade do agente patogénico

1.2 Avaliação de diferentes extractos de plantas contra *Fusarium solani in vitro*

1.3 Avaliação de diferentes fungicidas contra *Fusarium solani in vitro*

1.4 Bio-eficácia de diferentes agentes de biocontrolo (BCA) contra *Fusarium solani in vitro*

1.5 Avaliação dos fungicidas e agentes de biocontrolo mais eficientes em condições de vaso

CAPÍTULO 2

REVISÃO DA LITERATURA

Entre os vários condicionalismos responsáveis pela baixa produtividade da cabaça de bico, as doenças são um deles, causando graves perdas de colheita ao reduzir o rendimento em termos de qualidade e/ou quantidade. À semelhança de outras culturas, a cabaça é também atacada por muitas doenças desde a germinação até à maturação da cultura. A murchidão causada por *Fusarium solani* é uma das doenças mais importantes da cabaça.

2.1 SINTOMATOLOGIA, ISOLAMENTO, PURIFICAÇÃO, IDENTIFICAÇÃO E COMPROVAÇÃO DA PATOGENICIDADE DO FUNGO INDUTOR DA MURCHIDÃO

2.1.1 Sintomatologia

Singh e Khare (1974) descreveram os sintomas da doença da murchidão (*Fusarium solani*) na cabaça pontiaguda. Segundo estes autores, as plantas infectadas permanecem atrofiadas e com um aspeto baço das nervuras na fase de pré e pós-floração. O exame das plantas infectadas revelou uma descoloração vermelho-alaranjada no tecido vascular sem apodrecimento da raiz, exceto em condições de humidade elevada, em que se observou um crescimento acentuado de micélio e massas de esporos de cor rosa na região do colarinho, tendo as folhas posteriormente ficado amarelas, seguidas de epinastia, secagem e murchidão de toda a planta.

Gadhiya (1990) observou sintomas de murchidão da cabaça pontiaguda num campo infetado durante um inquérito. Observou que a infeção era maior nas plantas mais velhas do que nas mais jovens. No final do inverno, os sintomas eram mais evidentes e a incidência da doença aumentou a partir de fevereiro, atingindo o máximo no mês de março-abril. A murcha foi mais comum na planta adulta. Na planta infetada, o sistema radicular foi afetado negativamente devido à morte das raízes laterais e, na maioria dos casos, a planta morreu pouco depois do aparecimento dos sintomas, enquanto nas plantas velhas infectadas se observou uma murchidão conspícua, com atrofiamento, amarelecimento, enrolamento ascendente das folhas e murchidão, que acabou por levar à morte da planta.

Daami-Remadi *et al.* (2007) recolheram plantas de melão com sintomas de murchidão em plantações de campo na principal zona de produção da Tunísia. Os sintomas desta doença eram o amarelecimento e a morte de algumas folhas, seguidos da morte de uma ou mais nervuras laterais, começando na ponta, com os corredores a morrerem em direção à coroa e a toda a planta, respetivamente. Alguns corredores podem permanecer saudáveis. Foram observadas lesões castanho-avermelhadas na base da planta, desenvolvendo-se ao longo dos ramos.

Egel e Martyn (2007) registaram a murcha de fusarium na melancia. A doença foi caracterizada pela perda de pressão de turgor das videiras. As videiras podem recuperar durante a noite, mas acabam por murchar permanentemente. Os sintomas iniciais incluem frequentemente um aspeto verde acinzentado e baço das folhas, que precede a perda de pressão de turgor e a murchidão. A murchidão é seguida de um amarelecimento das folhas e, finalmente, de necrose. A murchidão começa geralmente nas folhas mais velhas e progride para a folhagem mais jovem. Os sintomas iniciais ocorrem muitas vezes quando a planta está a começar a vindimar e a murchidão pode ocorrer apenas num corredor, deixando o resto da planta aparentemente não afetado. Em condições de densidade de inóculo suficientemente elevada ou de um hospedeiro muito suscetível, toda a planta pode murchar e morrer num curto espaço de tempo.

Kehinde (2011) observou que os sintomas de fusariose da murchidão da melancia apareciam como lesões castanhas alongadas **que se desenvolviam** nos caules perto da coroa e se estendiam como estrias castanhas longas e estreitas, fazendo com que o caule murchasse completamente. As vinhas afectadas e as plantas inteiras acabaram por murchar e morrer. As raízes das plantas gravemente afectadas estavam muitas vezes deterioradas e pareciam retalhadas.

Kleczewski e Egel (2011) referiram que os sintomas da murchidão de fusarium começam frequentemente com o envelhecimento da folhagem seguido de clorose foliar geral e murchidão. Em plantas mais velhas, a murchidão de fusarium é caracterizada pela murcha de corredores individuais de melancia. A necrose vascular é mais prevalente na linha do solo na parte mais velha do caule cortada longitudinalmente. Em condições de humidade, podem ser visualizadas hifas fúngicas brancas a cor-de-rosa a emergir dos tecidos necróticos.

Jadhav (2012) observou lesões acastanhadas escuras no caule perto da região do colarinho e o encolhimento do caule estendido acima da região do colarinho até 4-5 centímetros em plantas murchas de cabaça de garrafa causadas por *F. moniliforme* em condições naturais. Os sintomas na região do colarinho resultaram no apodrecimento da porção basal do caule, que se tornou castanha a castanha escura, com encolhimento do caule na região afetada e secagem dos rebentos.

Chen *et al.* (2013) observaram que *F. oxysporum* f. sp. *cucumerinum* infecta a raiz das plantas de pepino invadindo o sistema vascular e secretando micotoxina, que causa lesões necróticas nos caules do pepino e induz apoptose celular, seguida de murcha foliar e morte em poucos dias.

Meena e Thakur (2014) observaram que os sintomas da murchidão do pepino aparecem como um ligeiro amarelecimento da folhagem e uma murchidão das folhas superiores que progride gradualmente e que, em poucos dias, resulta numa murchidão permanente das plantas com as folhas ainda agarradas.

Majdah e Al-Tuwaijri (2015) observaram sintomas da doença da murchidão do pepino acompanhados de clorose e, por fim, necrose das zonas inter-veinais das folhas. As plantas de pepino em qualquer fase de crescimento da planta, pré e pós-emergência, podem ser afectadas pela humidade; os sintomas da murchidão desenvolveram-se primeiro nas folhas inferiores e médias e depois espalharam-se para o topo das plantas. A infeção precoce das plantas impediu a frutificação, enquanto a infeção posterior resultou em frutos pequenos e anormais, aparecendo frequentemente fissuras nas nervuras doentes. Foi observada uma descoloração vascular das raízes e dos caules. A parte central da raiz axial apresenta uma cor vermelha intensa.

Pscheidt e Ocamb (2016) observaram que o fungo afecta o sistema vascular e que as plantas infectadas podem não apresentar quaisquer sintomas visíveis até começarem a dar frutos. O escurecimento do sistema vascular é geralmente evidente na parte inferior do caule, na coroa e na raiz principal. Após a morte da planta, forma-se um tapete de micélio branco nas superfícies externas da planta. Consequentemente, o fungo pode infetar a planta do pepino em qualquer fase, causando uma elevada perda de rendimento na produção de pepinos.

Asma *et al.* (2020) observaram que os sintomas da murcha de fusarium da abóbora produziam inicialmente um crescimento atrofiado das plantas. A infeção começa a progredir com o aparecimento de clorose nas folhas inferiores, nas quais as folhas estavam murchas e amassadas. A secção transversal das estruturas radiculares primárias apresentava necrose. As raízes laterais ou os ramos das raízes foram reduzidos na planta infetada.

Rahman *et al.* (2021) observaram que, inicialmente, a planta de melancia infetada com a murchidão de fusarium apresentava sintomas como a perda de pressão de turgor das videiras e das folhas, que era recuperada à noite; apenas uma ou algumas videiras podem ser afectadas. O progresso da doença nas plântulas infectadas mudou de verde baço para amarelo e finalmente necrótico. Quando o fungo continua a colonizar o vaso do xilema, a planta forma mais tiloses, limitando finalmente o movimento da água e a videira começa a murchar.

2.1.2 Isolamento, purificação e identificação do agente patogénico

Gadhiya (1990) recolheu amostras de plantas afectadas pela murchidão da cabaça pontiaguda em diferentes campos de Olpad taluka. A cultura de *Fusarium* sp. de todas as amostras foi obtida a partir do caule e da raiz infectados. Os sete isolados obtidos foram purificados através da técnica de isolamento de um único esporo e mantidos em meio de ágar dextrose de batata (PDA).

Pivonia *et al.* (1997) recolheram plantas de melão murchas em 24 campos de melão (10 plantas por campo) no Arava setentrional e central durante as estações de crescimento do outono. Os tecidos radiculares foram desinfectados à superfície durante 1 minuto em hipoclorito de sódio a 1 por cento, enxaguados duas vezes em água esterilizada e colocados em meio PDA modificado com cloranfenicol a 250 mg/litro.

Hamed *et al.* (2009) isolaram o fungo das raízes de plantas murchas e apodrecidas de melancia, pepino, abóbora e melão que apresentavam sintomas típicos de murchidão. As partes infectadas das raízes foram cortadas em pequenos fragmentos, lavadas cuidadosamente com água da torneira, depois esterilizadas com solução de hipoclorito de sódio durante 1-2 minutos, enxaguadas várias vezes em água esterilizada e depois secas entre dois papéis de filtro esterilizados. Os fragmentos foram então colocados em meio de ágar dextrose de batata em placas de Petri e incubados a 27 °C durante 7 dias após a incubação. As colónias de fungos desenvolvidas foram purificadas utilizando a técnica de isolamento por ponta de hifa ou por esporo único. Os fungos isolados foram colhidos dos bordos das colónias em crescimento ou dos esporos em germinação das placas de ágar-água. As colónias purificadas foram então transferidas para placas de PDA. As culturas de fungos purificados identificados foram mantidas a baixas temperaturas (5-10 °C) para estudos posteriores.

Turoczi *et al.* (2011) realizaram uma experiência sobre a murchidão da melancia. O agente patogénico foi isolado com sucesso e identificado como *Fusarium solani*. As infecções graves ocorreram apenas nos campos onde a melancia foi cultivada continuamente durante vários anos, mas o agente patogénico também estava presente no solo de outros campos.

Relevante e Cumagun (2013) recolheram amostras de plantas de cabaça amarga e cabaça de garrafa com sintomas de clorose das veias e murchidão na cidade de Lipa, província de Batangas. As amostras foram primeiro lavadas em água corrente da torneira para remover as partículas de solo aderentes e, em seguida, foram obtidas secções do caule e esterilizadas à superfície em solução de hipoclorito de sódio a 10% durante 2 minutos. Em seguida, os pedaços de caule foram lavados várias vezes em água destilada esterilizada e secos em toalhas de papel esterilizadas. Os pedaços de caule foram então colocados em meio de ágar penta-cloro nitrobenzeno em placas de Petri e incubados a 28 °C durante 5-7 dias. As culturas foram purificadas retirando pontas de hifas dos micélios em crescimento das colónias e transferindo-as para placas de PDA. As culturas puras foram identificadas com base nos seus caracteres morfológicos. Os tubos foram armazenados a 20 °C para armazenamento a longo prazo após verificação da viabilidade dos isolados.

Shah e Jeskani (2014) recolheram as plantas de cabaça com sintomas de murchidão na área experimental da Faculdade de Engenharia Agrícola da Universidade de Agricultura de Sindh,

Tandojam. As amostras foram lavadas em água corrente da torneira, para remover o solo e outras partículas aderentes. As sementes e as raízes infectadas foram cortadas em pequenos pedaços com a ajuda de uma tesoura esterilizada. Estes pedaços foram esterilizados à superfície com lixívia comercial a 5 por cento durante 2 minutos para evitar a contaminação da superfície, depois lavados duas vezes com água destilada esterilizada para remover o efeito tóxico do produto químico e secos cuidadosamente em papel de seda. Foram colocadas cinco sementes e pedaços de raízes separadamente em cada placa de Petri contendo PDA, preparada e esterilizada pelo método padrão. Estas placas de Petri foram incubadas a 25 ± 2 °C durante 5-7 dias. À medida que as colónias de fungos apareciam no meio, estas eram subcultivadas para posterior multiplicação de purificação no meio PDA, através do método padrão.

Juber e Hussein (2014) recolheram quinze amostras de plantas de melancia gravemente doentes e sintomáticas de algumas províncias do centro e do sul do Iraque durante junho-agosto de 2013. As amostras foram cortadas em 0,5-1 cm e lavadas em água corrente da torneira durante 30 minutos, depois esterilizadas à superfície em solução de hipoclorito de sódio a 1 por cento durante 2 minutos e cultivadas em PDA suplementado com 200 mg/l de tetraciclina e incubadas a 25 ± 1 °C durante 7 dias. Foi efectuada uma técnica de esporo único para cada isolado. Os resultados mostraram a existência de 12 espécies de fungos associados às raízes e à coroa da melancia. O exame microscópico mostrou três tipos de esporos: microconídios ovais, renais e fusiformes, alguns divididos por septos transversais em duas células iguais, produzidos a partir de monofilídeos longos que crescem lateralmente no micélio aéreo. Os macroconídios eram fusiformes a cilíndricos, assimétricos e heterogéneos nas suas dimensões, divididos em 1-7 células por septos transversais.

Oito isolados de *F. oxysporum* f. sp. *cucumerinum* foram isolados de amostras de plantas de pepino murchas recolhidas em oito localidades diferentes no Egipto. *F. oxysporum* f. sp. *cucumerinum* é um dos agentes patogénicos mais comuns nas plantas de pepino, causando a murcha de fusarium. O isolamento do *F. oxysporum* f. sp. *cucumerinum* foi efectuado a partir das amostras doentes em duas épocas sucessivas. As culturas puras foram obtidas através da técnica de isolamento de um único esporo e/ou da seleção de pontas de hifas dos fungos não esporulados. A cultura pura dos fungos em crescimento do *F. oxysporum* f. sp. *cucumerinum* foi então examinada microscopicamente e identificada por Majdah e Al-Tuwaijri (2015).

Chen *et al.* (2015) recolheram plantas de cabaça amarga murchas de diferentes regiões geográficas na China. Os isolados foram consistentemente isolados de tecidos vasculares sintomáticos, cultivados no escuro a 28°C em ágar dextrose de batata (PDA). Os 48 isolados apresentaram características típicas de *F. oxysporum*, tais como colónias brancas ou violetas pálidas com microconídios, macroconídios e clamidósporos abundantes. Alguns isolados produziram pigmento violeta pálido ou violeta.

Zang *et al.* (2018) isolaram 152 isolados das plantas de cabaça amarga doentes. A forma dos esporos e as características das colónias foram utilizadas para a identificação inicial dos agentes patogénicos. Os isolados apresentaram as características típicas de *F. oxysporum* com microconídios e macroconídios abundantes.

Manohari *et al.* (2020) recolheram plantas de cabaça amarga infectadas com murchidão no distrito de Coimbatore. O fungo foi isolado da porção de raiz infetada em PDA. O fungo foi identificado como *Fusarium* sp. que produziu dois tipos de esporos assexuados, nomeadamente microconídios e macroconídios, e esporos em repouso, nomeadamente clamidósporos, numa cultura com 15-20 dias de idade.

2.1.3 Teste de patogenicidade do agente patogénico

Gadhiya (1990) provou a patogenicidade de *Fusarium* sp. isolado pelo método de inoculação no solo utilizando apenas suspensão de esporos. A inoculação do solo por suspensão de esporos causou 60% de mortalidade em 40 a 45 dias após a inoculação. Enquanto os vasos de controlo não inoculados não apresentavam mortalidade nem sintomas de murchidão, isto revelou claramente que o *Fusarium* sp. isolado da planta infetada é positivamente patogénico e causa da doença.

Hamed *et al.* (2009) realizaram testes de patogenicidade de doze isolados de *F. oxysporum*, recolhidos em diferentes localidades, em melancia, em condições de estufa. O inóculo fúngico foi preparado através do cultivo de cada fungo em frascos esterilizados de 500 ml contendo 100 g de meio de aveia e foi incubado durante um mês a 25 °C. O solo argiloso arenoso (1:1) em peso foi autoclavado a 20 Lbs/in durante 2 horas. O solo foi embalado em vasos de 15 cm esterilizados com formaldeído. Cada vaso foi inoculado com 2 por cento de culturas de aveia. Foram plantadas oito sementes de pepino, abóbora, melancia e melão em cada vaso. Foram efectuadas três réplicas para cada fungo. Três vasos cheios com solo estéril foram utilizados como controlo. Os hospedeiros foram plantados 4 dias após a inoculação no solo. Os resultados revelaram que todos os isolados foram capazes de atacar as plantas de melancia causando sintomas de murchidão. Os isolados testados variaram significativamente na sua capacidade de causar infeção por murchidão em condições de estufa.

Pagoch e Raina (2012) referiram que o método de inoculação por imersão das raízes em pepino resultou numa maior incidência da doença, em comparação com o método de inoculação no solo doente, devido à inoculação forçada provocada por danos nas raízes. Verificou-se que *F. oxysporum* f. sp. *cucumerinum* era virulento em pepino cv. Super Long Green em condições artificiais e produziu sintomas de murchidão verdadeira semelhantes aos provocados pelo fungo em condições naturais.

Jadhav (2012) provou a patogenicidade de *F. moniliforme* em videiras de cabaça cultivadas em vasos de plástico. Os sintomas de murchidão foram observados 10 dias após a inoculação. A queda das folhas mais jovens, seguida da queda das folhas mais velhas, foi observada no prazo de 4 a 5 dias após os sintomas iniciais. O escurecimento vascular completo seguido de colapso e morte da planta foi observado dentro de 8th dias após os sintomas iniciais. As lesões acastanhadas escuras desenvolveram-se no caule perto da região do colarinho. Os sintomas da podridão do colo resultaram no apodrecimento da parte basal do caule, que se tornou castanha a castanha escura, com encolhimento do caule na região afetada e secagem parcial dos rebentos tenros. O crescimento de micélios do fungo foi observado em torno da região do colarinho, perto da superfície do solo e no caule subterrâneo. Verificou-se a divisão dos caules ao longo do comprimento, com escorrimento de uma substância gomosa esbranquiçada. Finalmente, as plântulas caíram dentro de 20 a 22 dias após a inoculação.

Scarlett (2013) inoculou caules de plantas de pepino, colocando uma gota de suspensão conidial (100 x 104 conídios/ml) num local do caule ferido ou num local do caule não ferido, utilizando uma pipeta estéril. O ferimento envolveu a quebra e a remoção da primeira folha verdadeira da base do pecíolo de plantas com 4 semanas de idade. As plantas não feridas foram inoculadas colocando uma gota de suspensão conidial na base da folha verdadeira, onde o pecíolo se junta ao caule. As raízes das plantas de pepino foram inoculadas mergulhando o sistema radicular de plântulas com 4 semanas de idade na suspensão conidial, agitando durante 10 segundos, e depois replantando de novo na fibra de coco. Após 14-20 dias, observaram-se sintomas de murchidão nas plantas de pepino, incluindo necrose do caule inferior e murchidão das folhas inferiores. Após 6 semanas, as plantas adultas apresentavam murchidão grave e necrose da base do caule. O exame interno do tecido radicular revelou sintomas característicos da murcha de fusário do pepino, incluindo o escurecimento da base do caule e da raiz e a presença de pigmentações hifais alaranjadas.

Shah e Jiskani (2014) realizaram um teste de patogenicidade de *F. oxysporum e* mostraram que o número mínimo de sementes germinadas foi registado a partir de sementes inoculadas, enquanto o número máximo de sementes germinadas foi registado a partir de sementes não inoculadas. A eficácia dos diferentes níveis de inóculo mostrou que o tratamento não inoculado foi o melhor para a germinação de sementes de cabaça, o crescimento da planta (comprimento e peso da raiz, do rebento e da planta total) e a percentagem de infeção da folha, seguido de 5 por cento de inóculo, 10 por cento de inóculo e 15 por cento de inóculo. A mortalidade máxima das plantas foi registada ao nível máximo de inóculo (30%), seguido de 25, 20, 15, 10 e 5 por cento.

Zang *et al.* (2018) realizaram a patogenicidade de isolados em plântulas de três cultivares de cabaça amarga (cv. Changlv, Ruyu33 e Ruyu41) e sete culturas de cucurbitáceas, incluindo melão, pepino, melancia, cabaça torre, cabaça de garrafa e abóbora. O agente patogénico isolado de plantas de cabaça amarga foi cultivado em placas de PDA durante 7 dias a 28 °C. Nove dias após a inoculação, foram observados os sintomas típicos de murchidão nas plântulas de cabaça amarga inoculadas. Os outros mostraram-se não patogénicos para sete culturas de cucurbitáceas.

A-Waily e Hassan (2019) comprovaram a patogenicidade de *F. oxysporum* em abóbora cultivada em vasos plásticos (6 kg) que continham patógeno cultivado em milheto de grãos, solo esterilizado e esterco (1:3) e incubado a 25 ± 2 ° C por 14 dias. Os resultados revelaram que 60,17% das plantas cultivadas em solo contaminado estavam infectadas com *F. oxysporum*. Os sintomas da infeção apareceram na planta com um ligeiro amarelecimento e as duas primeiras folhas murcharam e depois amareleceram e o declínio de um número de folhas inferiores e o progresso do fungo levou a uma murchidão severa da planta e à morte de toda a planta.

Manohari *et al.* (2020) realizaram um teste de patogenicidade de *F. solani in vitro* através do método de inoculação no solo e revelaram que as plantas de cabaça amarga inoculadas com o agente patogénico apresentaram sintomas típicos de amarelecimento das folhas, queda e murchidão, tendo sido também observado o sintoma caraterístico de descoloração vascular. O reisolamento do agente patogénico também foi semelhante ao da cultura original, pelo que os postulados de Koch foram comprovados.

2.2 AVALIAÇÃO DE DIFERENTES EXTRACTOS FÍTICOS CONTRA *Fusarium solani IN VITRO*

As plantas são a fonte mais rica de substâncias químicas orgânicas na Terra e alegadamente produzem uma grande variedade de metabolitos secundários que são utilizados como armas de defesa. A importância da investigação sobre vários produtos, para além dos produtos químicos fitossanitários, tem sido percebida nos últimos anos devido aos perigos dos produtos químicos tóxicos para os seres humanos e os animais. Os extractos de plantas possuem grandes potencialidades. São utilizados como fungicidas botânicos sem qualquer efeito adverso no ambiente para a gestão de doenças das plantas.

Gadhiya (1990) testou vinte fitoextratos esterilizados e não esterilizados de dezanove espécies de plantas *in vitro* pelo método do disco de papel de filtro quanto ao seu efeito inibitório no crescimento de *F. solani* em cabaça pontiaguda. Os resultados mostraram que nenhum dos fitoextratos esterilizados apresentou efeito inibitório, enquanto a inibição do crescimento foi máxima no fitoextrato não esterilizado de bolbo de alho, seguido de *Celsia coromandeliana* (bedio kalar), *Ipomea fistulosa* (nafatie), *Jatropha curcas* (ratanjogi), *Ocimum sanctum* (tulsi) e *Allium cepa* (cebola), que produziram uma inibição ligeira.

Raut e Pawar (2005) observaram que o extrato de planta de *Allium sativum* (10%) foi o mais eficaz contra *F. oxysporum* f. sp. *niveum* que causa a murchidão da melancia, reduzindo a esporulação do fungo em 76,60%.

Sankeshwari (2005) analisou sete extractos de plantas contra o crescimento micelial de *F. solani* a uma concentração de 10 por cento. A inibição máxima foi obtida com karanj (76,66%), sadafuli (73,33%) seguido por bougainvillea (72,22%), kuda (71,11%), tulsi (68,88%) e neem (36,66%) e *glyricidia* (34,44%).

Jadhav (2012) testou diferentes extractos de plantas contra *F. moniliforme*. Entre eles, a inibição máxima por cento do crescimento de micélios foi alcançada devido a sadafuli (41,66%) seguido de alho (25,55%). Estes foram seguidos por rícino (22,22%), nilgiri (20,00%), heena (17,77%), ghaneri (15,55%), cebola (20,00%) e tulsi (11,88%), glyricidia (8,88%), neem (8,88%) e sarpagandha (6,66%) registaram uma fraca inibição do crescimento micelial.

Kapadiya *et al.* (2014) avaliaram nove fitoextratos, nomeadamente *Allium sativum, Zingiber officinale, Ocimum sanctum* L., *Lantana camera, Jetropha curcas* L., *Adhatoda vasica* Ness., *Allium cepa* L., *Azadirachta indica, Curcuma longa in vitro,* quanto à sua eficácia antifúngica contra o crescimento de *Fusarium solani* . Os extractos foram incorporados individualmente no meio PDA a 2, 5 e 10 por cento de concentração em frascos cónicos de 250 ml separadamente e esterilizados a 1,036 kg/cm^2 durante 15 minutos. Foi relatado que a inibição média máxima foi obtida no extrato de rizoma de curcuma (62,72%), seguido do extrato de folhas de pinhão-manso (52,57%) e do extrato de folhas de nim (48,46%). Em comparação com estes, três extractos apresentaram uma inibição inferior que variou entre 38,39% (cebola) e 15,83% (tulsi), respetivamente.

Ramaiah e Garampalli (2015) testaram 15 fitoextratos através da técnica de envenenamento de alimentos quanto às suas actividades antifúngicas contra *Fusarium oxysporum* f. sp. *lycopersici* (FOL). Destes, três fitoextratos revelaram-se potenciais na inibição do crescimento de FOL, nomeadamente *Solanum indicum* (78,33%), *Azadirachta indica* (75,00%) e *Oxalis latifolia* (70,33%). A potência antifúngica foi comparada com três fungicidas químicos, nomeadamente, Mancozeb (82,66%), oxicloreto de cobre (79,33%) e sulfato de cobre (82,33%) em diferentes concentrações.

Khanzada *et al.* (2016) testaram diferentes extractos de plantas *viz,* citrinos (*Citrus hystrix*), neem (*Azadirachta indica*), alho (*Allium sativum*), cebola (*Allium cepa*), dhatura (*Datura stramonium*), calotropis (*Calotropis procera*), hortelã-pimenta (*Mentha piperita*), funcho (*Foeniculum vulgare*), gengibre (*Zingiber officinale*) e malagueta (*Capsicum annuum*). Os resultados revelaram que a dose mais elevada dos extractos de *A. indica* e *C. procera* mostrou uma inibição máxima, seguida dos extractos de *C. hystrix* e *C. annuum*.

Sesan *et al.* (2017) testaram nove extractos de plantas *viz, Achillea millefolium* (mil-folhas), *Allium sativum* (alho), *Artemisia dracunculus* 'Sativa' (estragão francês), *Hyssopus officinalis* (hissopo), *Mentha* sp. (hortelã), *Rosmarinus officinalis* (alecrim), *Satureja hortensis* (segurelha), *Tagetes patula* (calêndula) e *Valeriana officinalis* (valeriana) contra *F. oxysporum* (estirpe Fo 18) isolado de plantas de groselha preta. A maior atividade *in vitro* foi registada para *Allium sativum* (78,6%), seguida de extractos de *Satureja hortensis* e *Valeriana officinalis* (71,4%), a uma concentração de 20%. Foi observada uma boa atividade inibidora do crescimento de micélios para *Mentha* sp., *Rosmarinus officinalis*, *Hyssopus officinalis* e *Artemisia dracunculus* 'Sativa' (62,8%, 58,6%, 57,1% e, respetivamente, 50% de eficácia). O extrato de *Achillea millefolium* não teve qualquer efeito no crescimento radial do isolado de *F. oxysporum*.

Bammidi e Dandnayak (2018) testaram a eficácia de seis extractos de plantas, *nomeadamente*, NSKE (extrato de semente de nim), *Mentha arvensis, Allium sativum, Zingiber officinalis,* óleo de nim e *Allium cepa* contra o agente patogénico através da técnica de cultura dupla no laboratório da Faculdade de Agricultura de Latur. O extrato de cada espécie de planta foi diluído de modo a obter as respectivas concentrações, *ou seja*, 5 e 10 por cento. Entre os produtos botânicos testados, o *Allium sativum* foi considerado significativamente o mais eficaz, com o menor crescimento micelial (0,00 mm) e a maior inibição do crescimento micelial (100%) do agente patogénico testado (*F. oxysporum* f. sp. *coriandrii*), seguido do óleo de Neem, com um crescimento micelial de 8,00 mm e uma percentagem de inibição de 82,22. O maior crescimento de colónias e a menor percentagem de inibição foram observados com NSKE, que foi de 37,33 mm e 17,04 por cento, respetivamente.

Kumar *et al.* (2018) trabalharam com diferentes extractos de plantas *Allium sativum, Menthe piperita, A. cepa, Curcuma longa, Azadirachta indica* (óleo), *A. indica* (neem), *Pongamia pinnata , Datura stramonium* em concentrações variáveis, *ou seja,* 10,0 e 20,0 por cento foram testados em três repetições. A avaliação *in vitro* dos extractos de folhas foi feita contra *F. oxysporum* utilizando o meio PDA. Os resultados revelaram que todos os extractos de plantas testados também apresentaram uma redução significativa do crescimento contra *F. oxysporum* em comparação com o controlo em ambas as concentrações. O extrato de alho induziu uma redução de crescimento de 100 por cento em ambas as concentrações, seguido do óleo de neem até 69 por cento. O extrato de folhas de neem registou uma inibição mínima do crescimento de 5,81% e 5,90% em concentrações de 10% e 20%, respetivamente.

2.3 AVALIAÇÃO DE DIFERENTES FUNGICIDAS CONTRA *Fusarium solani* IN VITRO

Gadhiya (1990) efectuou ensaios com quinze fungicidas *in vitro* pelo método do disco de papel de filtro para determinar a sua bioeficácia contra *Fusarium solani* em cabaça pontiaguda. Entre todos, a fungitoxicidade de Bengard, Bavistin, Pausin-M e Agrosim no grupo I aumentou com o aumento da concentração. Jkstein, Emisan e Topsin-M revelaram-se comparativamente menos fungitóxicos. No grupo-II, o Cuman-L, o Thiram e o Dithane-M revelaram-se altamente fungitóxicos apenas a uma concentração mais elevada. No grupo III, Foltaf e captaf também se revelaram altamente fungitóxicos numa concentração mais elevada. Os resultados revelaram que Bengard, Bavistin, Agrosim, Pausin-M, Cumin-L, Thiram, Captaf, Dithane-M 45 e Foltaf tiveram um efeito fungitóxico pronunciado no crescimento de *Fusarium solani*.

Hamed *et al.* (2009) testaram o efeito do Topsin M-70 na doença da murchidão da melancia em 7 concentrações diferentes: 5, 10, 15, 20, 25, 50 e 100 ppm no crescimento linear dos agentes patogénicos. Os crescimentos de todos os fungos testados foram reduzidos gradualmente à medida que a concentração de fungicida foi aumentada e todas as concentrações reduziram significativamente o crescimento linear do fungo testado, em comparação com o controlo. As duas concentrações mais altas testadas (50, 100 ppm) mostraram uma inibição completa quase significativa do crescimento de todos os fungos testados. Por outro lado, a concentração mais baixa mostrou uma inibição de mais de 50 por cento do crescimento linear a 20 ppm.

Sultana e Ghaffar (2010) avaliaram *in vitro* sete fungicidas, *a saber*, Carbendazim (Benzimidazol), Topsin-M (Tifanato-metilo), Aliette (Fesetyl-Al 80% up), Benlate (Triadimenol), Vitavax (Carboxina), Ridomil (Metalaxil acilatenina) e Mancozeb (Dithane M-45) contra *F. solani*. Os resultados revelaram que foi observado um efeito significativo no crescimento das colónias de *F. solani* em todas as concentrações em comparação com o controlo. Foi observada uma inibição completa do crescimento de colónias de *F. solani* quando foram utilizados fungicidas *como* Aliette, Benlate e Carbendazim a 100 ppm, enquanto Mancozeb, Ridomil, Topsin-M e Vitavax inibiram completamente o crescimento de colónias a 1000 ppm. O Benlate foi relatado como sendo o mais eficaz para controlar o crescimento micelial de *F. solani* a 50 ppm. O Carbendazim e o Carbendazim + Mancozeb deram 100% de inibição do crescimento micelial de *F. solani* a concentrações de 0,2 e 0,3 por cento, respetivamente.

Nisa *et al.* (2011) referiram que todos os fungicidas sistémicos, *nomeadamente* carbendazim, miclobutanil, bitertanol, hexaconozole, mancozeb, captan e zineb, em diferentes concentrações, inibiram significativamente o crescimento do micélio de *F. oxysporum*, sendo que o hexaconazole, na concentração mais elevada de 1000 ppm, causou a maior redução no crescimento do micélio. Também revelaram que o mancozebe foi mais eficaz na redução do crescimento do micélio do agente patogénico do que o captano.

Jadhav (2012) testou diferentes fungicidas *in vitro* contra *F. moniliforme*. Entre eles, o carbendazim (0,1%) e o oxicloreto de cobre (0,2%) inibiram completamente (100%) o crescimento dos micélios e foram seguidos pelo propiconazol (0,1%), hexaconazol (0,1%), difenconazol (0,1%) e tiofanato metílico (0,2%) com 81,88, 79,66, 74,11 e 70,77% de inibição do fungo testado em relação ao controlo, respetivamente. A menor inibição foi encontrada no captan (0,2%) e no mancozeb (0,2%), com 66,66% e 46,33%, respetivamente.

Barhate *et al.* (2015) testaram oito fungicidas contra a murcha de fusarium do tomateiro (*Fusarium oxysporum* f. sp. *lycopersici*) em Maharastra. Entre eles, mancozeb + carbendazim (0,125 + 0,05%) inibiu completamente (100%) o crescimento micelial do patógeno, seguido por thiram + carbendazim (0,15 + 0,05%), carbendazim (0,1%), thiram (0.3%), carboxina (0,2%), captana (0,25%), propiconazol (0,2%), mancozebe (0,25%) com 93,75, 92,50, 90,00, 87,50, 81,25, 67,50 e 62,50% de inibição do crescimento em relação ao controlo, respetivamente.

Narayanan *et al.* (2015) avaliaram seis fungicidas, *a saber*, carbendazim, mancozeb, zineb, oxicloreto de cobre, tebuconazole e pré-mistura de fungicida (carbendazim 75% + mancozeb 25%) testados *in vitro* contra o patógeno da murcha por meio da técnica de alimentos venenosos. Entre eles, o carbendazim e a pré-mistura de fungicida carbendazim + mancozeb a 0,1% inibiram completamente o crescimento micelial (100%) de *F. solani* em todas as concentrações, seguidos pelo tebuconazol (0,1%) (66,5%).

More e Parate (2016) avaliaram diferentes fungicidas e bioagentes através da técnica do veneno alimentar e da técnica de cultura dupla contra *F. oxysporum* f. sp. *ciceri* da murchidão do grão-de-bico. Os resultados revelaram uma diferença significativa no diâmetro médio das colónias em todos os tratamentos internos em relação ao controlo não inoculado. O tratamento com carbendazim registou uma inibição de 100% do crescimento contra *F. oxysporum* f. sp. *ciceri, Rhizoctonia bataticola* e *Sclerotium rolfsii*.

Trichoderma viride (80,54%) foi considerado o mais eficaz para restringir o crescimento micelial de *F. oxysporum* f. sp. *ciceri*.

Khanzada *et al.* (2016) avaliaram dez fungicidas diferentes, *nomeadamente* carbendazim, fosetil-alumínio, tiofanato-metilo, propineb, metiram, oxicloreto de cobre, mandipropamida, miclobutanil, difenoconazol e penconazol em três concentrações de 100, 1000 e 10 000 ppm contra *F. solani*. Todos os fungicidas apresentaram efeitos variados contra *F. solani*. No entanto, o carbendazim foi altamente eficaz em concentrações baixas, bem como em concentrações médias e altas, o que reduziu 100% do crescimento micelial, seguido de mandipropamida (75,99%), tiofanato-metilo (75,10%) e fosetil-alumínio (67,77%).

Dahal e Shrestha (2018) testaram a eficácia de fungicidas *in vitro* através da técnica de alimentos envenenados em meio PDA contra *F. oxysporum* f. sp. *lentis*. Os fungicidas testados foram o carbendazim (50% WP), o clorotalonil (75% WP) e o dithane M-45 (75% WP) em três concentrações diferentes (100, 150 e 200 ppm). Todos os fungicidas inibiram significativamente o crescimento fúngico, entre eles o carbendazim foi altamente eficaz em todas as concentrações, reduzindo 100% do crescimento micelial, seguido do clorotalonil (67,91%). O Dithane M-45 apresentou a menor inibição, *ou seja,* 26,62% a 200 ppm.

Sharma (2019) avaliou diferentes fungicidas *em* condições *in vitro* contra *F. oxysporum*. Ele revelou que o carbendazim (100%) foi o mais eficaz, pois inibe completamente o crescimento micelial em todas as concentrações testadas, seguido pelo hexaconazol e trifloxistrobina + tebuconazol com 90,77 e 90,34% de inibição micelial, respetivamente. Verificou-se que o Captan (32,83%) foi o menos eficaz em comparação com outros fungicidas.

Yadav *et al.* (2019) avaliaram seis fungicidas, *nomeadamente*, hexaconazol, mancozebe, oxicloreto de cobre, azoxistrobina, carbendazime 12% + mancozebe 63% e carbendazime *in vitro* contra *Fusarium* sp. utilizando a técnica do veneno alimentar, tendo o carbendazime e o tiofanato metílico a 100 ppm sido os fungicidas sistémicos mais eficazes testados na inibição da germinação de esporos e do crescimento de *F. oxysporum in vitro*.

2.4 BIOEFICÁCIA DE DIFERENTES AGENTES DE CONTROLO BIOLÓGICO (BCA)

CONTRA *Fusarium solani IN VITRO*

O biocontrolo é um dos componentes mais importantes da gestão integrada das doenças (IDM), não poluente, biodegradável, seletivo no modo de ação, pouco suscetível de prejudicar os seres humanos e outros microrganismos benéficos.

Hamed *et al.* (2009) referiram que os agentes de biocontrolo *Bacillus subtilis* (A), *B. subtilis* (B), *Pseudomonas fluorescence, P. putida, P. cepacia* foram obtidos do Water and Environment Research Institute, Agricultural Research Centre (ARC). Todos os agentes biológicos foram testados quanto à sua eficácia contra o isolado de *F. oxysporum* var. *niveum in vitro*. Os resultados revelaram que os bioagentes inoculados 24 horas após a inoculação do isolado de *F. oxysporum* var. *niveum B. subtilis e P. fluorescens* foram considerados os bioagentes mais eficazes (redução do crescimento de 68,9% e 68,9%, respetivamente), enquanto *P. ceparcia* (B1) foi considerado menos eficaz (63,3%).

Shrivastava e Agrawal (2010) isolaram dois isolados de *T. viride* e *T. harzianum* e um de *Gliocladiun virens* e *Bacillus subtilis. Os* bioagentes foram testados *in vitro* contra *F. oxysporum* f. sp. *ciceri* pelo método de cultura dupla e todos se revelaram antagónicos a *F. oxysporum* f. sp. *ciceri.* A inibição máxima do crescimento de *F. oxysporum* f. sp. *ciceri* (44,8%) foi registada por *T. viride-1* (PDBCTv 23) seguido por *T. viride-2* (estirpe Gulbarga Tv) (39,8%), enquanto *G. virens* foi considerado menos eficaz. A incidência de murchidão também foi elevada no controlo (20,7, 26,7 e 35,3%) aos 30, 45 e 60 dias. *T. viride-1* (PDBCT v 23) registou apenas 4,9, 9,2 e 12,0 por cento de incidência de murchidão aos 30,

45 e 60 dias, respetivamente, e também foi considerado superior a todos os outros tratamentos.

Pandya e Sabalpara (2011) testaram cinco *Trichoderma* spp. *viz., T. fusciculatum* - TFC-1, *T. fasciculatum-TFC-2, T.* viride-TVS-1, *T. viride-TVS-2* e *T. harzianum* (TcCh-1) contra *Fusarium moniliforme* causador da murchidão da cana-de-açúcar e descobriram que a inibição máxima do crescimento (66,84%) foi registada em *T. harzianum* (TcCh-1).

Pagoch e Raina (2013) avaliaram dezassete isolados de *Trichoderma* contra *F. oxysporum* f. sp. *cucumerinum* através da técnica de cultura dupla *in vitro* e verificaram que todos os isolados *de Trichoderma* inibiram o crescimento micelial de *F. oxysporum* f. sp. *cucumerinum.*

Narayanan *et al.* (2015) testaram estirpes eficientes de *T. viride* e dois bioagentes bacterianos PGPR, *P. fluorescens* e *B. subtilis,* quanto à sua atividade antagonista contra *F. solani* da murchidão da amoreira através da técnica de cultura dupla. *T. viride* (Tv1) mostrou uma inibição máxima do crescimento micelial médio de *F. solani* (56,6 mm) em cultura dupla e foi considerado significativamente superior ao bioagente bacteriano *P. fluorescens* e *B. subtilis,* com 50,0 e 44,3 mm no nível máximo, respetivamente, em comparação com 90,0 mm no controlo. *P. fluorescens* foi considerado mais eficaz do que *B. subtilis* para a inibição de *F. solani.*

Majdah e Al-Tuwaijri (2015) testaram o efeito de alguns agentes de controlo biológico no crescimento de três isolados de *F. oxysporum* f. sp. *cucumerinum, ou seja,* os dois isolados mais virulentos e o menos virulento foram estudados em placas de Petri em meio PDA *in vitro*. Seis isolados de *Trichoderma* sp. *i.e. T. harzianum1* (Th1), *T. harzianum2* (Th2), *T. hamatum, T. glaucum, T. ressei* e *T. viride,* foram utilizados para determinar as actividades antagonistas contra *F. oxysporum* f. sp. *cucumerinum* em cultura dupla em meio PDA em condições laboratoriais. *T. reesei* afetou muito o crescimento linear (35,50 mm) do patógeno, seguido por *T. viride* (40,30 mm), enquanto o menor efeito dos agentes biológicos foi observado por *T. glaucum* (61,50 mm) contra o *F. oxysporum* f. sp. *cucumerinum.*

More e Parate (2016) avaliaram diferentes botânicos e bioagentes através da técnica de alimentos venenosos e da técnica de cultura dupla contra *Fusarium oxysporum* f. sp. ciceri da murchidão do grão-de-bico. Os resultados indicam uma diferença significativa no diâmetro médio das colónias em todos os controlos internos em relação ao controlo não inoculado. Entre os botânicos, a *Azadirachta indica,* numa concentração de 20%, inibe 84,44% do crescimento de *F. oxysporum* f. sp. *ciceri. Trichoderma viride* foi considerado o mais eficaz para restringir o crescimento micelial de *F. oxysporum* f. sp. *ciceri.*

Khanzada *et al.* (2016) testaram a atividade antagonista de *G. virens, P. variotii, T. harzianum, T. polysporum, T. pseudokoningii, A. flavus* e *P. citrinum* contra *F. solani,* causando maior ou menor redução no crescimento de *F. solani*. Entre eles, *Penicillium citrinum* (84%), *T. pseudokoningii* (82,88%) e *A. flavus* (80,88%) pareceram altamente eficazes na redução do crescimento micelial de *F. solani.*

Sharma (2019) avaliou diferentes agentes de controlo biológico em condições *in vitro*. Os resultados revelaram que, entre os agentes de controlo biológico fúngico, *T. harzianum* foi o mais eficaz com 61,08% de inibição micelial, seguido de *T. virens* com 57,51% de inibição micelial. Entre os agentes de controlo biológico bacterianos, *P. fluorescens* foi mais eficaz do que *Bacillus* sp. com uma inibição micelial de 45,69%.

2.5 AVALIAÇÃO DOS FUNGICIDAS MAIS EFICAZES E AGENTES DE BIOCONTROLO EM CONDIÇÕES DE VASO

Madhavi *et al.* (2006) estudaram a integração de vários fungicidas e agentes biológicos contra a murcha de fusarium da malagueta. Utilizaram mutantes tolerantes ao carbendazim de *T. viride* (Tvml) e *T. hurzianum* (Thml) e o agente de controlo biológico bacteriano *P. fluorescens* em combinação com diferentes fungicidas compatíveis (carbendazim, fipronil e fluchloralin) para a gestão de *F. solani* que causa a murchidão da malagueta. A eficácia dos mutantes (Tvml e Thml) e de *P. fluorescens* aumentou quando utilizados como tratamentos de solo e de sementes e também quando combinados com produtos químicos de irrigação do solo resultaram em zero por cento de incidência de murchidão.

Haseeb *et al.* (2006) avaliaram cinco agentes biológicos, *A. niger, T. harzianum, T. viride, P. lilacinus* e *P. fluorescens* @50 kg/ha, cada um contendo 10^8 CFU/g de cultura, cinco aditivos orgânicos *viz,* pó de semente de nim (*Azadirchta indica*) @100 kg/ha, pó de folhas de nim (*A. indica*) e murraya (*Murraya koeningii*) @300 kg/ha cada, estrume de quintal e estrume de hortelã (*Mentha arvensis*) @150 kg/ha cada e dois pesticidas *viz.,* carbofuran 3G e Topsin-M 75 WP @2 kg a.i./ha cada, onde se estudou a sua eficácia contra a murcha do pimentão em condições *in vitro* e em vaso. Os resultados revelaram que todos os tratamentos inibiram significativamente o crescimento de *F. oxysporum* f. sp. *capsici* em ambas as condições.

Singh (2007) estudou a murchidão de fusarium causada por *F. oxysporum e F. solani,* uma doença devastadora da malagueta, e referiu que o controlo da doença foi mais elevado com a imersão das plântulas e a irrigação com carbendazim (96,86%) ou mancozebe (96%) e com os bioagentes *T. viride* (87,34%) e *T. harzianum* (85,67%).

Hamed *et al.* (2009) testaram diferentes fungicidas e biocidas (como adubo de sementes) na murcha da melancia causada por *Fusarium oxysporum* f. sp. *niveum* numa experiência em vaso, utilizando solo artificialmente infestado com o agente patogénico em condições de estufa. Todos os tratamentos testados reduziram significativamente a percentagem de incidência da murchidão da melancia, quer na aplicação como cobertura de sementes quer na aplicação no solo. Os tratamentos do solo apresentaram uma redução significativa mais elevada da incidência da doença do que o tratamento das sementes. O tratamento de sementes com Topsin-M ou a aplicação no solo mostrou um efeito superior na incidência da doença, seguido do Rizolex-T e do Rizo-N, respetivamente. Entretanto, o Plant Guard e o Humix apresentaram o menor potencial de controlo.

Musmade *et al.* (2009) mostraram que o tratamento de plântulas com carbendazim a 0,1 por cento reduziu significativamente o crescimento da murchidão causada por *F. oxysporum* f. sp. *lycopersici* em condições de campo e foi igual à combinação de carbendazim + *T. viride* (1 + 100 g/l de água) e *T. viride* 100 gm/l de água reduziu a incidência de murchidão do tomateiro.

Madhavi e Bhattiprolu (2011) realizaram uma experiência de cultura em vaso contra a murcha de fusarium da malagueta causada por *Fusarium solani,* num desenho de blocos aleatórios factoriais durante 2008-09 e 2009-10 na Estação Regional de Investigação Agrícola, Lam, Guntur. Foram avaliados diferentes tratamentos, incluindo a imersão das plântulas com fungicida, a emenda do solo com vermicomposto, a adição do agente de biocontrolo *T. viride,* a aplicação de um fungicida eficaz e a combinação de todos estes tratamentos para desenvolver uma abordagem fiável e ecológica de gestão integrada de doenças. Entre todos os tratamentos, verificou-se que a integração da imersão das raízes das plântulas com carbendazim (76%), a adição de vermicomposto (62,66%), a aplicação de fungicida carbendazim + mancozebe (82,11%) e a aplicação no solo de *T. viride* (79,11%) foram eficazes.

Waghmare (2013) realizou uma experiência *in vivo* sobre a murchidão da malagueta causada por *Fusarium* sp. Os resultados revelaram que, entre os vários tratamentos, o controlo da doença foi elevado com carbendazim (92,31%) e mancozebe (84,62%) com imersão das raízes e irrigação do solo. O segundo melhor foi o oxicloreto de cobre (69,23%) e *Trichoderma viride* (69,23%). O bioagente *Trichoderma* spp. quando aplicado por imersão das raízes e aplicação no solo revelou-se eficaz. A imersão das raízes com *Trichoderma spp.* isoladamente foi menos eficaz, mas foi significativamente superior ao controlo. A mortalidade mais elevada foi observada no controlo não tratado (86,67%)

Narayanan *et al.* (2015) realizaram um experimento de cultura em vasos em um projeto completamente aleatório em condições de estufa para testar a eficácia de fungicidas (carbendazim, fungicida pré-mistura (carbendazim + mancozeb), tebuconazol) e agentes de biocontrole (*Pf* 1, *Bs4*, *Tv1*) juntamente com resíduos de cama de serragem e torta de nim contra *F. solani* da doença da murcha da amoreira. O meio de envasamento (terra vermelha: estrume de vaca: estrume a 1:1:1 w/w/w) foi autoclavado durante 1 h por 2 dias consecutivos e colocado em vasos. O meio de cultura areia-milho (9:1) foi utilizado para a multiplicação em massa do agente patogénico. Os vasos de 30 x 30 cm de diâmetro contendo solo autoclavado foram inoculados com inóculo de milho-areia a 50 g/kg de solo e deixados durante 5 dias para o estabelecimento do inóculo. As plantas de amoreira foram cultivadas em vasos após o encharcamento do solo com fungicidas e agentes biológicos separadamente. Os resultados revelaram que o encharcamento do solo com carbendazim (0,1%) registou uma redução da doença de 77,5%, seguido da aplicação no solo de consórcios (resíduos de cama Seri + Pfl + Bs4 + Tv1+ bagaço de nim) @ 200 g com 73,6% de redução da doença da murchidão 45 dias após a inoculação. O número de folhas aumentou significativamente em todas as plantas tratadas, variando de 32,3 a 75,5 por planta, quando comparado com o controlo (17,8 por planta).

More *et al.* (2016) testaram o efeito de seis produtos botânicos contra *F. oxysporum* f. sp. *ciceri*. Um fungicida e três agentes biológicos foram estudados na germinação de sementes e no índice de vigor das plântulas de grão-de-bico. Foi realizada uma experiência de cultura em vaso para registar a mortalidade de plântulas antes e depois da emergência causada por três agentes patogénicos *F. oxysporum* f. sp. *ciceri, R. bataticola* e *S. rolfsii. A* germinação máxima, o comprimento dos rebentos, o comprimento das raízes e o índice de vigor das plântulas foram registados com carbendazim (87,45%), seguido de *T. viride* (81,27%) e *A. indica* (74,64%).

Bana *et al.* (2017) avaliaram a eficácia de fungicidas (cloreto de cálcio, mancozeb, carbendazim), agentes biológicos (*T. harzianum, T. viride* e *P. fluorescens*) contra a podridão radicular do funcho (*F. oxysporum*) em condições de vaso. Entre todos os tratamentos, a incidência mínima de doença (%) de *F. oxysporum* foi registada com carbendazim (13,50%), seguido de mancozeb (15,00%), cloreto de cálcio (18,65%), *T. harzianum* (21,00%), *T. viride* (21,65%) e *P. fluorescence* (25,27%).

Jha *et al.* (2018) avaliaram diferentes fungicidas, bioagentes e práticas culturais, isoladamente e em possíveis combinações, contra a murchidão do tomateiro causada por *F. oxysporum* f. sp. *lycopersici*. Entre os tratamentos, o tratamento de plântulas com carbendazim @ 0,1% + irrigação do solo com carbendazim @ 0,1% três vezes foi mais eficaz e registou a menor intensidade da doença (11,33%).

CAPÍTULO 3

MATERIAIS E MÉTODOS

Os pormenores dos materiais utilizados e os métodos adoptados nas presentes investigações são descritos a seguir.

LOCALIZAÇÃO EXPERIMENTAL

As experiências laboratoriais foram efectuadas no Departamento de Patologia Vegetal, N. M. College of Agriculture, Navsari Agricultural University, Navsari. A experiência em vaso foi efectuada perto da unidade de biofertilizantes da Universidade Agrícola de Navsari, Navsari.

PROCEDIMENTO LABORATORIAL

Esterilização dos vasos e do solo

Os vasos de barro de 18" x 18" x 24" (Lx в x H) foram utilizados para estudos de cultura em vaso. Os vasos foram esterilizados com uma solução de formaldeído a 5 por cento. O solo do campo e o estrume do pátio da quinta (FYM) foram misturados na proporção de 1:1 e esterilizados em autoclave a 15 lb psi (1,036 kg/cm^2) durante uma hora e durante três dias consecutivos.

Esterilização de meios e material de vidro

Todos os meios foram esterilizados a uma pressão de vapor de 15 lb psi (1,036 kg/cm^2) e a 121 °C numa autoclave durante 15 minutos. O material de vidro foi esterilizado num forno de ar quente a 180 °C durante uma hora.

Todo o material de vidro utilizado nos estudos laboratoriais, *nomeadamente* tubos de ensaio, placas de Petri e frascos, foi imerso em solução de ácido crómico (dicromato de potássio 80 g, ácido sulfúrico 400 ml e água 300 ml) durante 24 horas, sendo depois cuidadosamente limpo com água da torneira e finalmente enxaguado com água esterilizada.

Preparação de inóculos

O inóculo para todos os estudos culturais foi preparado cultivando o fungo durante cinco dias em PDA a partir de uma cultura de reserva. Foi utilizada uma broca de cortiça esterilizada de quatro mm para cortar os discos de fungos da área de crescimento ativo e, em seguida, um disco foi transferido para o centro de cada placa de Petri ou frasco contendo meios sólidos ou líquidos, respetivamente. Após as inoculações, as placas de Petri foram incubadas a 28 ± 1 °C durante dez dias (Desai, 2014).

Preparação da cultura de massa

Para a inoculação no solo, o fungo foi multiplicado em meio de farinha de milho e areia (SMMM) para a preparação de inóculos em massa no laboratório (Desai, 2014). O meio foi preparado em frascos de 250 ml, utilizando 90 g de areia fina peneirada, 10 g de farinha de milho e 20 ml de água destilada, apenas o suficiente para humedecer corretamente a mistura. O meio nos frascos foi então esterilizado em autoclave a 15 lb psi (1,036 kg/cm^2) durante 30 minutos. Estes frascos foram inoculados com discos de micélio de 5 mm de cultura fúngica em crescimento ativo e incubados a 28 ± 1 °C numa estufa durante dez dias. Após dez dias, o micélio cobria toda a superfície do meio. Esta cultura foi então utilizada para inoculação.

3.1 SINTOMATOLOGIA, ISOLAMENTO, PURIFICAÇÃO, IDENTIFICAÇÃO E COMPROVAÇÃO DA PATOGENICIDADE DO FUNGO INDUTOR DA MURCHIDÃO

3.1.1 Sintomatologia da doença da murchidão da cabaça

O exame visual e microscópico da doença típica da murchidão da cabaça pontiaguda. As amostras foram recolhidas para confirmar a presença do agente patogénico. Os sinais e sintomas típicos da murchidão nas raízes e no seu sistema vascular em condições naturais foram observados visualmente e registados de forma crítica. As amostras recolhidas foram colocadas em papel absorvente e preservadas para estudos posteriores.

3.1.2 Recolha, isolamento e purificação do agente patogénico

A amostra doente de cabaça pontiaguda com sintomas típicos de murchidão foi colhida num campo afetado pela murchidão no distrito de Surat, em Gujarat. O isolamento do agente patogénico da planta doente foi feito em meios de cultura de uso geral como o ágar dextrose de batata. As amostras da doença foram colhidas no campo e levadas para o laboratório para isolamento. Foram utilizadas raízes infectadas de cabaça pontiaguda para isolar o agente patogénico. As partes infectadas foram submetidas a isolamento de tecidos. A parte infetada da raiz foi cortada em pequenos pedaços, de forma a que cada pedaço fosse constituído por tecidos infectados e saudáveis. Os pedaços foram esterilizados à superfície com uma solução de hipocloreto de sódio a 1 por cento durante 60 segundos, seguida de três passagens subsequentes por água destilada esterilizada e, em seguida, transferidos assepticamente sob um sistema de fluxo de ar laminar para placas de Petri esterilizadas contendo 20 ml de meio de ágar dextrose de batata (PDA). As placas de Petri foram incubadas à temperatura ambiente (28 ± 1 °C) e observadas periodicamente quanto ao crescimento. As hifas fúngicas que se desenvolveram a partir dos tecidos infectados foram subcultivadas assepticamente em placas de PDA. A cultura pura assim obtida foi examinada microscopicamente para identificação e foi posteriormente purificada utilizando a técnica da ponta de hifa. A cultura obtida foi mantida em placas de PDA a baixa temperatura para investigações posteriores. Os meios utilizados neste estudo foram esterilizados numa autoclave a uma pressão de 1,2 kg/cm^2 durante 20 minutos (Aneja, 2002).

3.2 Teste de patogenicidade

Método de inoculação do solo

Para provar a patogenicidade do fungo através da técnica de inoculação no solo, o inóculo do fungo foi preparado de acordo com o método indicado por Biswas e Sen (2000). Preparou-se um meio de farinha de milho e areia esterilizada (10 g de farinha de milho + 90 g de areia lavada + 20 ml de água destilada) em frascos cónicos de 250 ml e inoculou-se com dois discos de 5 mm de diâmetro de tampão de micélio de uma cultura com três dias de idade cultivada em placas de PDA. Os frascos inoculados foram incubados à temperatura ambiente (28 ± 1 °C). Após 7 dias de incubação, os inóculos foram misturados com solo esterilizado na proporção de 1:1. Cada vaso foi preenchido com 3 kg de solo esterilizado; a mistura de inóculos foi aplicada a 60 g/kg de solo. A estaca (cv. Kalkatti) foi cultivada em vasos preenchidos com solo esterilizado e mistura de inóculos. O solo não tratado (sem fungos) foi utilizado como controlo. As observações sobre o desenvolvimento da doença foram registadas periodicamente a partir do início da doença. Foi efectuado um reisolamento das plantas artificialmente inoculadas que apresentavam sintomas de murchidão através do método de isolamento de tecidos. A cultura obtida a partir do reisolamento foi transferida para placas de PDA para purificação e comparação com os isolados originais.

3.2.1 Identificação

3.2.1.1 Carácteres culturais

As características culturais foram registadas desde o início do crescimento micelial até um período de 7 dias em meio PDA.

Observação a registar:

As características culturais, *nomeadamente* o aspeto das colónias, a cor, a pigmentação e a zonação, foram observadas visualmente e registadas.

3.2.1.2 Caracteres morfológicos

As características morfológicas, *nomeadamente* a forma dos conídios, o tamanho dos conídios, a cor das hifas, as septações ou quaisquer outras estruturas visíveis, foram estudadas a partir de uma cultura com sete dias de idade e comparadas com as indicadas na literatura, tendo sido também tiradas microfotografias.

3.3 AVALIAÇÃO DE DIFERENTES EXTRACTOS FÍTICOS CONTRA *Fusarium solani IN VITRO*

As avaliações de diferentes fitoextratos foram estudadas *in vitro* seguindo a **"Técnica de alimentos venenosos"** contra *Fusarium solani* por Schmitz (1930). O efeito de várias espécies de plantas, *nomeadamente* a cebola, o alho, o gengibre, as folhas de neem, a hortelã e a NSKE, foi testado para conhecer o seu efeito inibidor no crescimento de *F. solani*. As partes frescas de plantas saudáveis (folhas, cravos, bolbos e rizomas de fontes potenciais de biocontrolo) foram recolhidas dos campos. As folhas das plantas foram lavadas separadamente duas ou três vezes em água da torneira e depois em água destilada e deixadas a secar à temperatura ambiente (28 ± 1 °C) durante seis horas. Antes da extração, as folhas de cada planta (100 g) foram esmagadas separadamente com 100 ml de água destilada esterilizada, exceto os dentes de *Allium sativum*, que foram esmagados em acetona, o que ajuda a reduzir a perda de volatilidade do extrato de alho. O produto triturado foi atado num pano de musselina e filtrado, tendo o filtrado sido recolhido e centrifugado a 5000 rpm durante 15 minutos. A solução preparada dá 100 por cento, que foi posteriormente diluída para as concentrações necessárias de 5 e 10 por cento. Os extractos foram esterilizados a 62 °C durante um período de 15 minutos para evitar a contaminação microbiana. Dos 100 ml de PDA misturados com extractos, 20 ml foram vertidos assepticamente em placas de Petri esterilizadas e foram mantidas três placas por tratamento. As placas de Petri com PDA foram inoculadas com discos miceliais de 5 mm cortados da periferia da cultura de *F. solani* e cultivados em meio PDA no centro com a ajuda de uma broca de cortiça esterilizada. As placas de Petri que continham meio PDA sem extrato foram inoculadas com um disco micelial de 5 mm cortado da periferia da cultura de *F. solani* cultivada em meio PDA e colocadas no centro com a ajuda de uma broca de cortiça esterilizada, servindo de controlo. As placas foram incubadas a uma temperatura de 28 ± 1 °C numa incubadora durante sete dias.

A percentagem de inibição do crescimento (IGP) do agente patogénico em cada tratamento foi calculada de acordo com a fórmula apresentada por Bell *et al.* (1982)

$$I = \frac{C-T}{C} \times 100$$

Onde,

I= Percentagem de inibição do crescimento

C=Diâmetro da colónia (mm2) na placa de controlo

T=Diâmetro da colónia (mm2) na placa tratada

Tabela 3.1: Lista de diferentes extractos de plantas testados contra *Fusarium solani in vitro*

Tratamento Não.	Comum Nome	Nome botânico	Partes de plantas para extrato	Concentração
T1	NSKE	*Azadirachta indica*	Semente	5%

T2	Cebola	*Allium cepa*	Lâmpada	10%
T3	Alho	*Allium sativum*	Cravinho	10%
T4	Neem	*Azadirachta indica*	Folhas	5%
T5	Gengibre	*Zingiber officinalis*	Rizoma	10%
T6	Hortelã	*Mentha arvensis*	Folhas	10%
T7	Controlo	-	-	-

Conceção: CRD

Tratamento: 07

Replicação: 03

Localização: Departamento de Fitopatologia, Laboratório P.G., N.A.U., Navsari

3.4 EFICÁCIA DE DIFERENTES FUNGICIDAS CONTRA *Fusarium solani* EM VITRO

As avaliações de sete fungicidas diferentes foram estudadas *in vitro* seguindo a **"técnica do veneno alimentar"** contra *Fusarium solani* de Schmitz (1930). A quantidade necessária de cada fungicida em estudo foi misturada cuidadosamente em 100 ml de meio PDA esterilizado, enchidos em frascos de 250 ml, separadamente, em condições assépticas.

Este meio misturado com fungicidas foi vertido em placas de Petri e deixado solidificar. Cada tratamento foi repetido três vezes. Também se manteve um conjunto de controlo em que o meio não foi misturado com fungicidas. As placas de Petri foram inoculadas centralmente com um disco micelial de 5 mm do agente patogénico. Estas placas de Petri inoculadas foram incubadas a 28 ± 1 °C. Após a incubação, o crescimento fúngico foi registado em cada placa de Petri. Foi calculada a percentagem de inibição do crescimento do agente patogénico.

A percentagem de inibição do crescimento em relação ao controlo foi calculada utilizando a fórmula dada por Vincent (1947).

$$PGI = \frac{C-T}{C} \times 100$$

Onde,

IGP = Percentagem de inibição do crescimento

C = Diâmetro médio da colónia micelial do conjunto de controlo (mm $)^2$

T = Diâmetro médio da colónia micelial do conjunto tratado (mm $)^2$

Quadro 3.2: Lista de diferentes fungicidas testados contra *Fusarium solani* in vitro

Sr. Não.	Fungicida	Nome comercial	Concentração (PPm)		
1.	Azoxistrobina 23 SC	Amistar	50	100	250
2.	Azoxistrobina 18,2 % + Difenconazol 11,4 % SC	Amistar Top	50	100	250
3.	Carbendazime 50 WP	Bavistina	50	100	250
4.	Carbendazime 12% + Mancozebe 63 WP	Sexteto 75 WP	50	100	250
5.	Propiconazol 25 CE	Inclinação	50	100	250
6.	Hexaconazol 5 SC	Contaf	50	100	250
7.	Tiofanato metílico 70 WP	Topsin M	50	100	250
8.	Controlo		-	-	-

Conceção: CRD
Tratamentos: 08
Replicação: 03
Localização: Departamento de Fitopatologia, Laboratório P.G., N.A.U., Navsari

3.5 BIOEFICÁCIA DE DIFERENTES AGENTES DE BIOCONTROLO (BCA) CONTRA *Fusarium solani IN VITRO*

O agente patogénico foi isolado de uma raiz de cabaça pontiaguda doente. O organismo de ensaio e o agente patogénico foram cultivados separadamente em meio PDA. Os bio-agentes, *ou seja, Trichoderma viride, T. harzianum, Pseudomonas fluorescens, Bacillus subtillis, Chaetomium globosum* e *Aspergillus niger* foram trazidos do departamento de patologia vegetal.

A atividade antagonista dos bio-agentes contra o agente patogénico testado foi determinada pela "técnica de cultura dupla" de Dennis e Webster (1971). Com a ajuda de uma broca de cortiça esterilizada, retirou-se um disco micelial de 5 mm do agente patogénico das colónias de crescimento ativo do agente patogénico testado e do antagonista. O disco do agente patogénico foi colocado de um lado em placas de ágar de forma asséptica e o disco dos antagonistas foi colocado do lado oposto ao do agente patogénico na mesma placa. Cada tratamento foi repetido três vezes e incubado a 28 ± 1^0 C. O crescimento dos antagonistas e do agente patogénico foi registado num intervalo de 24 horas após a incubação, até a colónia na placa de controlo estar coberta com micélio do agente patogénico.

A zona de inibição foi medida com um intervalo de 24 horas até a colónia na placa de controlo estar coberta com micélio do agente patogénico. A percentagem de inibição do crescimento (PGI) do agente patogénico em cada tratamento foi calculada de acordo com a fórmula dada por Bell *et al.*
(1982).

$$I = \frac{C-T}{C} \times 100$$

Onde,

I=Índice antagonista,

C=Diâmetro da colónia (mm^2) na placa de controlo,

T=Diâmetro da colónia (mm^2) na placa tratada

Quadro 3.3: Lista de diferentes agentes de controlo biológico utilizados contra *Fusarium solani in vitro*

Tratamento Não.	Agentes de controlo biológico
T1	*Trichoderma viride* (isolado NAU)
T2	*Trichoderma harzianum* (isolado NAU)
T3	*Pseudomonas fluorescens* (isolado da NAU)
T4	*Bacillus subtillis* (isolado da NAU)
T5	*Chaetomium globosum* (isolado da NAU)
T6	*Aspergillus niger* (isolado da NAU)
T7	Controlo

Conceção: CRD
Tratamento: 07
Replicação: 03

Localização: Departamento de Fitopatologia, Laboratório P.G., N.A.U., Navsari.

3.6 AVALIAÇÃO DOS FUNGICIDAS E AGENTES DE BIOCONTROLO MAIS EFICIENTES CONTRA *Fusarium solani* EM CONDIÇÕES DE COZINHA Técnica de cultura em vaso

Foram avaliados diferentes tratamentos, incluindo a aplicação por aspersão dos dois fungicidas mais eficazes e a inoculação no solo dos três agentes de biocontrolo mais eficazes, a fim de desenvolver uma abordagem fiável e ecológica de gestão integrada das doenças.

A experiência de cultura em vaso foi realizada em condições de vaso com um desenho completamente aleatório para testar o efeito de fungicidas e agentes de controlo biológico. O meio de envasamento (solo: estrume a 1:1 w/w/) foi autoclavado durante 1 hora por 2 dias consecutivos e colocado em vasos. Para a multiplicação em massa do agente patogénico, foi utilizado um meio de farinha de milho e areia (10 g de farinha de milho + 90 g de areia lavada + 20 ml de água destilada). Os vasos contendo solo autoclavado foram inoculados com inóculo de milho-areia a 60 g/kg de solo e deixados durante 5 dias para o estabelecimento do inóculo. As estacas foram cultivadas em vasos após a aplicação de bioagentes no solo e a aplicação de fungicidas no solo, separadamente. Os vasos foram dispostos num esquema completamente aleatório com três repetições para cada tratamento. Os vasos não tratados mas inoculados foram mantidos como controlo. A incidência de murchidão foi registada desde o início da murchidão até à morte da planta.

A observação da percentagem de incidência da doença foi registada utilizando a seguinte fórmula dada por Wheeler (1969).

N.º de plantas doentes/vaso

Percentagem de incidência da doença = -x 100

N.º total de plantas/vaso

$$I = \frac{C-T}{C} \times 100$$

Onde,

I = Percentagem de controlo da doença

C = Percentagem de incidência da doença no controlo

T = Percentagem de incidência da doença no tratamento

Pormenores da experiência

a.	Localização	: Departamento de Fitopatologia, Laboratório P.G., N.A.U., Navsari
b.	Ano da experiência	: 2019-21
c.	Conceção	: CRD
d.	Replicação	: 3 (Três)
e.	Tratamento	6 (seis) tratamentos diferentes, incluindo A aplicação de 2 fungicidas mais eficazes e a inoculação no solo de 3 agentes de biocontrolo mais eficazes serão tratados juntamente com o controlo.
f.	Cultura/ Variedade	Cabaça pontiaguda/ kalkatti
g.	Número de plantas/vaso	10

Quadro 3.4: Eficácia dos fungicidas e agentes de controlo biológico mais eficientes contra

Fusarium solani **em condições de vaso**

Tratamento Não.	Tratamento
T1	Imersão no solo de propiconazol 25 CE a 0,1%
T2	Imersão no solo de tiofanato metílico 70 WP @0,1%
T3	Aplicação no solo de *Trichoderma harzianum* @50 gm/planta/pote
T4	Aplicação no solo de *Trichoderma viride* @50 gm/planta/pot
T5	Aplicação no solo de *Aspergillus niger* @25 gm/planta/pot
T6	Controlo inoculado

CAPÍTULO 4

RESULTADOS E DISCUSSÃO

Entre as diferentes doenças da cabaça, a murchidão causada por *Fusarium solani* é uma das doenças mais importantes, causando uma perda de rendimento. A murchidão está a tornar-se uma doença importante nas zonas de cultivo de cabaças pontiagudas do Sul de Gujarat. Assim, a presente investigação sobre botânicos, controlo biológico e químico da murchidão da cabaça foi realizada no departamento de fitopatologia, N. M. College of Agriculture, Navsari Agricultural University, Navsari (Gujarat).

Foram realizados alguns ensaios laboratoriais para avaliar botânicos, agentes de biocontrolo e diferentes fungicidas contra o agente patogénico em condições *in vitro*. Os resultados obtidos nesses ensaios são apresentados em diferentes secções do presente capítulo.

4.1 SINTOMATOLOGIA, ISOLAMENTO, PURIFICAÇÃO, IDENTIFICAÇÃO E COMPROVAÇÃO DA PATOGENICIDADE DO FUNGO INDUTOR DA MURCHIDÃO

4.1.1 Sintomatologia da doença da murchidão da cabaça

Os sintomas observados em condições naturais das plantas de cabaça pontiaguda acima e abaixo do solo nas plantas infectadas foram os seguintes

A doença foi observada desde a fase inicial até à fase de maturação das plantas de cabaça pontiaguda. Na fase inicial, os sintomas apareceram como queda das folhas inferiores e médias da planta, progredindo para o topo da planta. Os sintomas de murchidão foram acompanhados por clorose, amarelecimento e queda das plantas e, finalmente, necrose (Foto 4.2), levando à morte de toda a planta. Observou-se perda de turgescência das plantas com descoloração vascular negra acastanhada das raízes e caules (Foto 4.2). Em algumas plantas, também se observou o amortecimento pós-emergência. A murchidão foi mais comum em plantas adultas. A infeção precoce das plantas restringiu a frutificação, enquanto a infeção tardia resultou em frutos pequenos, anormais e de menor rendimento. As plantas infectadas permanecem atrofiadas e com as nervuras de aspeto baço na fase de pré e pós-floração. A infeção de plantas mais velhas resulta normalmente na murchidão de toda a planta. No caso das plantas jovens, as folhas tornam-se amarelas, seguidas de enrugamento e secagem, perda de turgescência com descoloração negra acastanhada do caule perto da base do solo, a raiz torna-se mole e observa-se o acastanhamento dos feixes vasculares.

Foto 4.1: Vista geral do campo saudável (lado esquerdo) e do campo de plantas de cabaça pontiaguda infetado com murcha de Fusarium (lado direito)

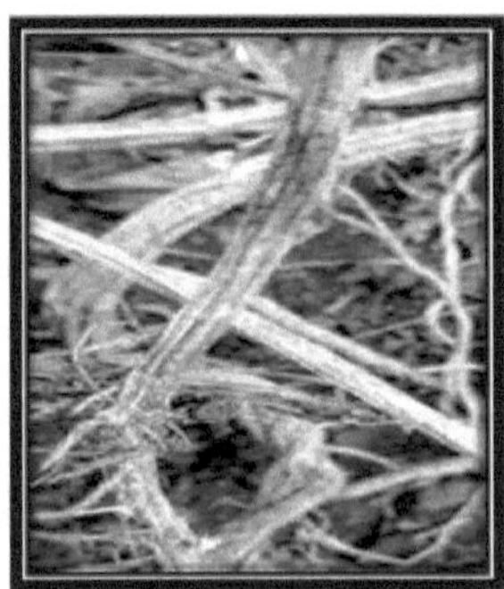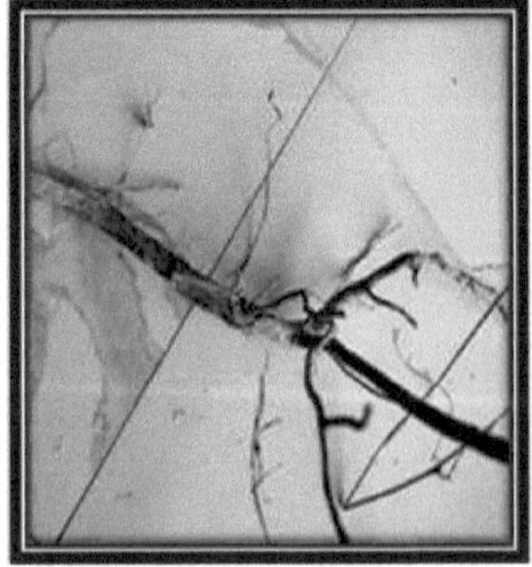

A. Crescimento fúngico esbranquiçado na raiz B. Porção de raiz e caule infetada com murchidão

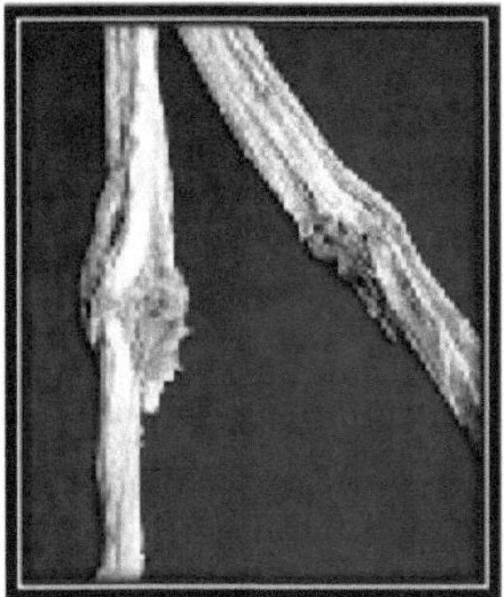

C. Descoloração vascular no interior da raiz D. Amarelecimento e queda das folhas
Foto 4.2: Sintomas de murchidão na parte da raiz e no seu interior

A descoloração vascular do caule estendia-se a toda a planta e, quando as raízes dessas plantas infectadas foram abertas e examinadas, apareceu a descoloração negra acastanhada do sistema vascular (Foto 4.2 C).

Na planta infetada, o sistema radicular foi afetado negativamente devido à morte das raízes laterais e, na maioria dos casos, a planta morreu pouco depois do aparecimento dos sintomas, enquanto se observou uma murchidão conspícua em plantas velhas infectadas, mostrando atrofiamento, amarelecimento para cima, enrolamento das folhas e murchidão, levando eventualmente à morte da planta, como observado por Gadhiya (1990). O agente patogénico da murchidão invade as raízes das plantas através do tubo germinativo ou de feridas nas raízes ou no ponto de formação das raízes laterais, tal como referido por Agrios (1988). Mais tarde, o fungo invade os vasos do xilema através das fossas do xilema e cresce dentro dos tecidos vasculares da planta. A descoloração vascular do caule da raiz deve-se ao bloqueio dos tecidos do xilema. O crescimento do fungo nos vasos do xilema das plantas dificulta a absorção de água e a falta de abastecimento de água resulta no encerramento dos estomas das folhas, provocando assim a murchidão da planta. Os sintomas característicos da doença observados nas presentes investigações estão de acordo com os descritos por outros trabalhadores Singh e Khare (1974), Akrami (2015), Asma *et al.* (2020). Os sintomas clássicos da murcha de fusarium típica são: amarelecimento, murchidão, atordoamento, queda e murchidão com sistema vascular escurecido no caule foram encontrados semelhantes aos descritos anteriormente por vários trabalhadores Tosi *et al.* (2000), Agrios (2006), Chaube e Pundhir (2012) e Dubey (2014).

4.1.2 Isolamento e purificação do fungo indutor da murchidão

As amostras de plantas de cabaça pontiaguda infectadas com murchidão foram colhidas na aldeia de Vadia (campo do agricultor) do distrito de Surat (Gujarat) e levadas para o laboratório, tendo sido submetidas a exame microscópico e, em seguida, isoladas através da técnica de isolamento de tecidos, que produziu a cultura pura de *Fusarium solani*. A cultura foi ainda purificada através de subculturas frequentes pelo método da ponta de hifa e mantida em meio de ágar dextrose de batata (PDA) contendo placas de Petri (fotografia 4.3 a) para investigação posterior.

O agente patogénico causal produz sintomas típicos de murchidão, *nomeadamente* perda de vigor e turgescência, queda das folhas, amarelecimento e murchidão das folhas, desfoliação das folhas e escurecimento do sistema vascular das plantas.

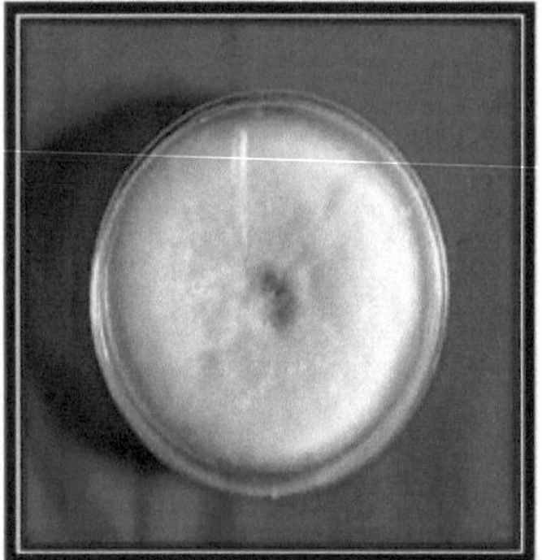 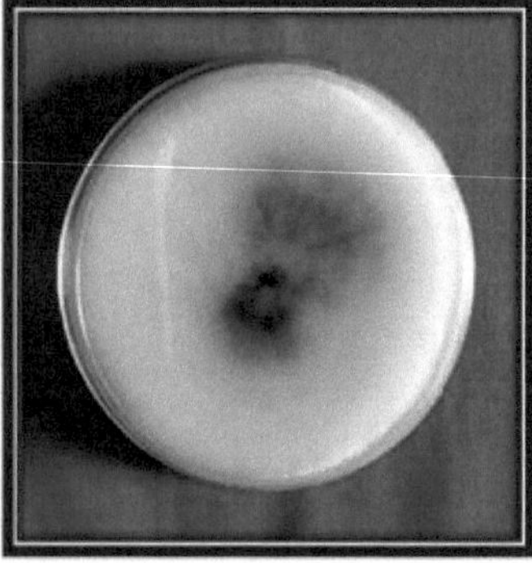

Vista dorsal Vista ventral
a) Cultura pura de *Fusarium solani* que causa a murchidão da cabaça

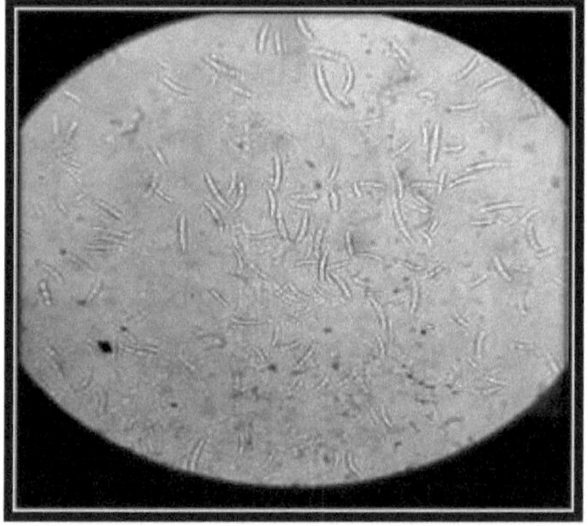

b) Vista microscópica de *F. solani* (40x)
Foto 4.3: Cultura pura (vista dorsal e ventral) e vista microscópica de *Fusarium solani*
causador da murchidão da cabaça pontiaguda

4.1.3 Identificação do agente patogénico

Para a identificação, com base na sintomatologia (plantas de cabaça pontiaguda murchas natural e artificialmente) dos fungos e nos caracteres morfológicos, ou *seja,* crescimento dos micélios, tamanho e forma dos macroconídios, microconídios e clamidósporos e caracteres culturais, *ou seja,* tipo e cor das colónias e pigmentação, comparados com a descrição autêntica padrão de Booth (1977) e Gadhiya (1990). O fungo foi identificado como *Fusarium solani*. Os respectivos isolados de *F. solani* foram utilizados posteriormente para estudos posteriores. As microfotografias do micélio e dos esporos do fungo (microconídios, macroconídios e clamidósporos) são apresentadas na fotografia 4.4.

Características morfológicas e culturais

Os estudos morfológicos e culturais efectuados em meio PDA revelaram variações no tamanho e na forma dos microconídios, macroconídios e clamidósporos de *Fusarium solani*.

Nos isolados, o micélio era branco-algodão a branco sujo, ocasionalmente castanho claro, conídios hialinos. O micélio produziu uma ligeira pigmentação de cor rosada. No prazo de uma semana de incubação, o fungo cobriu toda a placa de Petri (90 mm). O exame microscópico da cultura pura do fungo testado revelou hifas ramificadas, septadas e hialinas, tendo sido produzidos três tipos de esporos, *nomeadamente* macroconídios, microconídios e clamidósporos. Os macroconídios eram rectos com extremidades arredondadas ou pontiagudas, com paredes espessas, fusiformes e em forma de foice, com 1-4 septos e medindo 21,7-32,2 x 5,8-8,2 gm. Os microconídios eram ovais, unicelulares e mediam 4,7-12,9 x 2,9- 4,2 gm, os clamidósporos produzidos em cultura de 2 semanas eram terminais ou intercalares, únicos ou em cadeias, arredondados e mediam 12,35 gm.

Singh e Khare (1974) descreveram *Fusarium solani*, causador da murchidão da cabaça pontiaguda. Segundo eles, o fungo produziu microconídios e macroconídios, bem como clamidósporos intercalares em cultura. Os microconídios eram hialinos unicelulares, rectos a ligeiramente curvos e mediam 4,5 a 12 x 2-6 gm, enquanto os macroconídios tinham paredes espessas, curvas e arredondadas na ponta, 1-6 septos e mediam 15,85-27,13 x 3,5-8,5 gm, clamidósporos intercalares com 5,5-12 gm de diâmetro. De acordo com Booth (1977), os microconídios eram de forma cilíndrica a oval, um septado formado em longas fiálides laterais e medindo 8,16 x 2-4 gm, macroconídios de lado em eqüilátero, fusoide com o ponto mais largo acima do centro 1-5 septado e medindo 35-55 x 4,5-6 pm. clamidósporos globosos - de paredes lisas a ásperas, nascem isoladamente ou em pares em ramos laterais curtos ou intercalares e medem 9-12 x 8-10 pm. No presente estudo, a descrição de *F. solani* isolado das plantas de cabaça murcha e pontiaguda é muito idêntica à descrição de *F. solani* (Mart.) Sacc. dada pelos trabalhadores acima referidos. De acordo com Gogoi *et al.* (2017), *F. solani* produziu dois tipos de esporos assexuados: microconídios e macroconídios. Os esporos em repouso, nomeadamente clamidósporos, também foram observados em culturas com 10-15 dias de idade. O tamanho dos micro e macroconídios variou de 3-4 x 1-2 pm a 9-10 x 1-3 pm e de 26,42-32,46 x 3,24-4,74 pm a 17,39- 23,17 x 2,91-4,51 pm, respetivamente. O número de septos nos micro e macroconídios foi de 0-1 e 2-4, respetivamente, e a cor é hialina. Os macroconídios têm forma de foice e são alongados com extremidades rombas e os microconídios têm forma redonda a oval. Os clamidósporos eram ovais, intercalares e terminais.

Micélio septado Clamidósporos

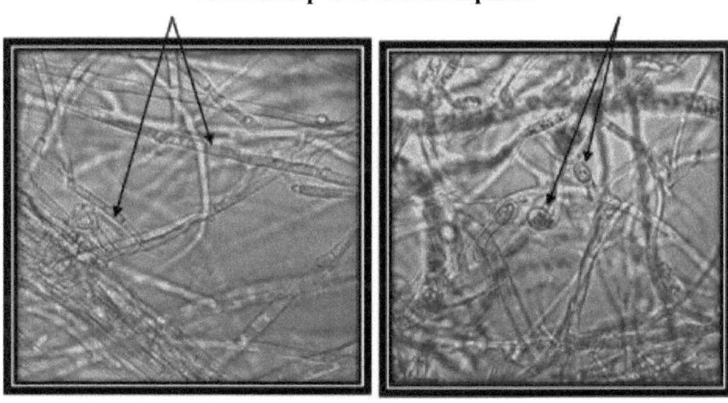

Micélio Clamidósporos

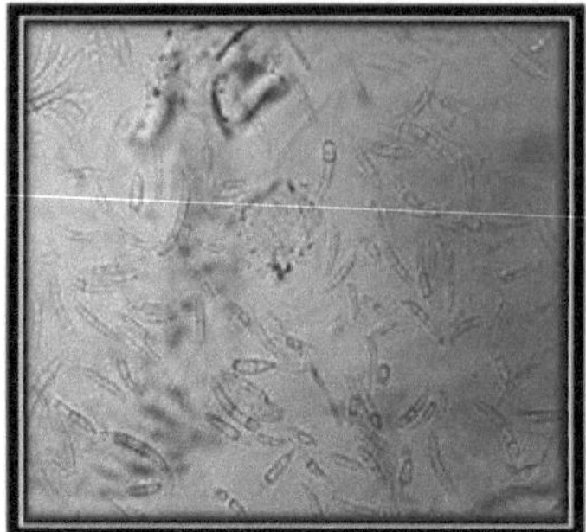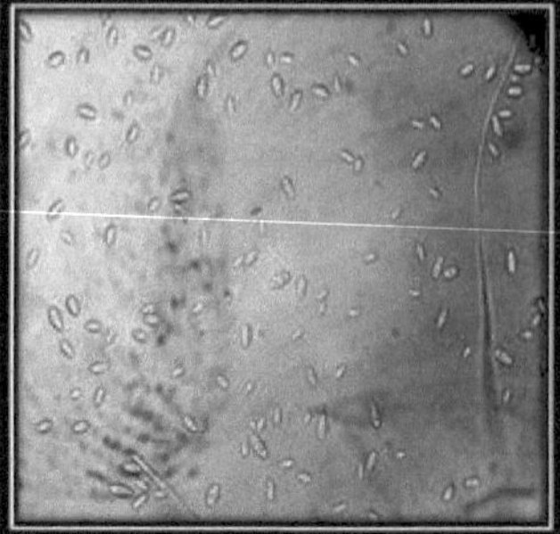

Macroconídios Microconídios
Foto 4.4: Microfotografias mostrando micélio, clamidósporos, macroconídios e
microconídios de *Fusarium solani* causador da murchidão em cabaça pontiaguda

4.1.4 Teste de patogenicidade

Para cumprir o postulado de Koch, a natureza patogénica do fungo (*Fusarium solani*) isolado de plantas doentes foi estabelecida utilizando a técnica de inoculação no solo. O teste de patogenicidade foi realizado conforme descrito no material e método e através da inoculação de uma cultura pura do fungo numa cultivar sã e suscetível pelo método de inoculação no solo. Após a inoculação, os sintomas iniciais apareceram: amarelecimento ou ligeira murchidão e queda das folhas inferiores. As folhas tornam-se amarelas, secam e permanecem ainda presas à planta; numa fase avançada, o sistema vascular torna-se castanho e, finalmente, a planta morre. O agente patogénico foi reisolado destas plantas artificialmente murchas em placas de PDA, que após incubação exibiram um crescimento micelial branco e cotonoso com uma ligeira cor rosa no meio PDA. O método de inoculação no solo provou ser bem sucedido no estabelecimento da patogenicidade da murchidão da cabaça pontiaguda causada por *F. solani,* causando uma mortalidade de 60% no prazo de 40 a 44 dias após a inoculação, enquanto os vasos de controlo não inoculados não apresentavam quaisquer sintomas de mortalidade e murchidão (Foto 4.5). Isto revelou claramente que o *F. solani* isolado da planta infetada é positivamente patogénico e a causa da doença.

As observações microscópicas mostraram hifas ramificadas, septadas e hialinas. O fungo produziu microconídios e macroconídios. Os macroconídios eram hialinos e em forma de foice com 1-4 septos e os microconídios eram redondos e unicelulares. Estas características morfológicas eram semelhantes às do agente patogénico isolado de plantas de cabaça pontiaguda naturalmente murchas. É claramente idêntico a partir deste estudo que o método de inoculação no solo provou ser bem sucedido no estabelecimento da patogenicidade da murchidão da cabaça pontiaguda causada por *F. solani*. Do mesmo modo, a patogenicidade de *F. solani*, que causa a murchidão em muitas culturas hospedeiras, foi comprovada anteriormente por este método, *nomeadamente a* cabaça pontiaguda (Gadhiya, 1990), a amoreira (Ravikumar *et al.,* 2001), a melancia (Hamed *et al.,* 2009), a cabaça de garrafa (Jadhav, 2012) e a amoreira (Narayanan *et al.,* 2015).

Foto 4.5: Teste de patogenicidade de *Fusarium solani*, causador da murchidão da cabaça pontiaguda, mostrando sintomas de murchidão na planta inoculada (esquerda) e na planta saudável não inoculada = controlo (direita)

4.2 AVALIAÇÃO DE DIFERENTES EXTRACTOS FÍTICOS CONTRA *Fusarium solani IN VITRO*

Sabe-se que muitos extractos de plantas têm um efeito inibitório sobre o crescimento e a reprodução de vários fungos. Esta informação é certamente útil na exploração do princípio inibitório no controlo de doenças das plantas. É difícil controlar *o Fusarium solani*, uma vez que tem uma natureza habitante do solo. Isto levou a ensaios sobre a utilização de extractos de plantas para controlar o agente patogénico. Uma concentração mais elevada de todos os fitoextratos deu uma inibição significativamente mais elevada em comparação com o seu nível mais baixo. Na presente investigação, seis fitoextratos diferentes, *nomeadamente,* NSKE, cebola, alho, extrato de folhas de neem, gengibre e hortelã, foram testados *in vitro* contra *F. solani* através da técnica de alimentos envenenados para conhecer o seu efeito inibidor no crescimento de *F. solani.*

O resultado apresentado na Tabela 4.1 (Fig. 4.1, Foto 4.6) mostrou que todos os fitoextratos inibiram significativamente o crescimento do fungo. Entre eles, o menor crescimento micelial de *F. solani* foi registado no extrato de folhas de nim (*Azadirachta indica*) (45,94 mm), que foi significativamente superior e estatisticamente igual ao NSKE (46,62 mm). A próxima melhor ordem de mérito foi a da cebola (*Allium cepa*) (48,23 mm), que foi estatisticamente igual à da hortelã (*Mentha arvensis*) (48,64 mm), seguida do gengibre (*Zingiber officinalis*) (58,71 mm) em relação ao controlo. O alho (*Allium sativum*) foi registado como o menos eficaz, apresentando um crescimento radial de micélios do agente patogénico (62,27 mm) em relação ao controlo.

O extrato de folhas de neem (*Azadirachta indica*) produziu uma inibição máxima (42,62%), que foi significativamente superior e igual à do NSKE (41,30%). A seguir, por ordem de mérito, foi a cebola (*Allium cepa*) (38,18%), que foi estatisticamente igual à hortelã (*Mentha arvensis*) (37,40%), seguida do gengibre (*Zingiber officinalis*) (18,89%) em relação ao controlo. O alho (*Allium sativum*) foi o menos eficaz, registando uma inibição mínima do agente patogénico (12,96%) em relação ao controlo.

Tabela 4.1: Percentagem de inibição do crescimento de *Fusarium solani* por vários extractos de plantas
in vitro **através da técnica de alimentos envenenados**

Sr. Não.	Tratamento Não.	Comum Nome	Nome botânico	Partes de plantas para extrato	Conc.	Diâmetro médio da colónia do agente patogénico (mm)	Inibição do crescimento em relação ao controlo (%)
1.	T1	NSKE	*Azadirachta indica*	Semente	5%	46.62 (52.83)	41.30
2.	T2	Cebola	*Allium cepa*	Lâmpada	10%	48.23 (55.63)	38.18
3.	T3	Alho	*Allium sativum*	Cravinho	10%	62.27 (78.33)	12.96
4.	T4	Neem	*Azadirachta indica*	Folhas	5%	45.94 (51.63)	42.62
5.	T5	Gengibre	*Zingiber officinalis*	Rizoma	10%	58.71 (73.00)	18.89
6.	T6	Hortelã	*Menta arvensis*	Folhas	10%	48.64 (56.33)	37.40
7.	T7	Controlo	-	-	-	71.56 (90.00)	0.00
	SEm±					0.68	
	CD a 5%					2.05	
	CV%					2.15	

***Os valores entre parêntesis são os valores originais, enquanto os valores exteriores são os valores transformados de sinal de arco**

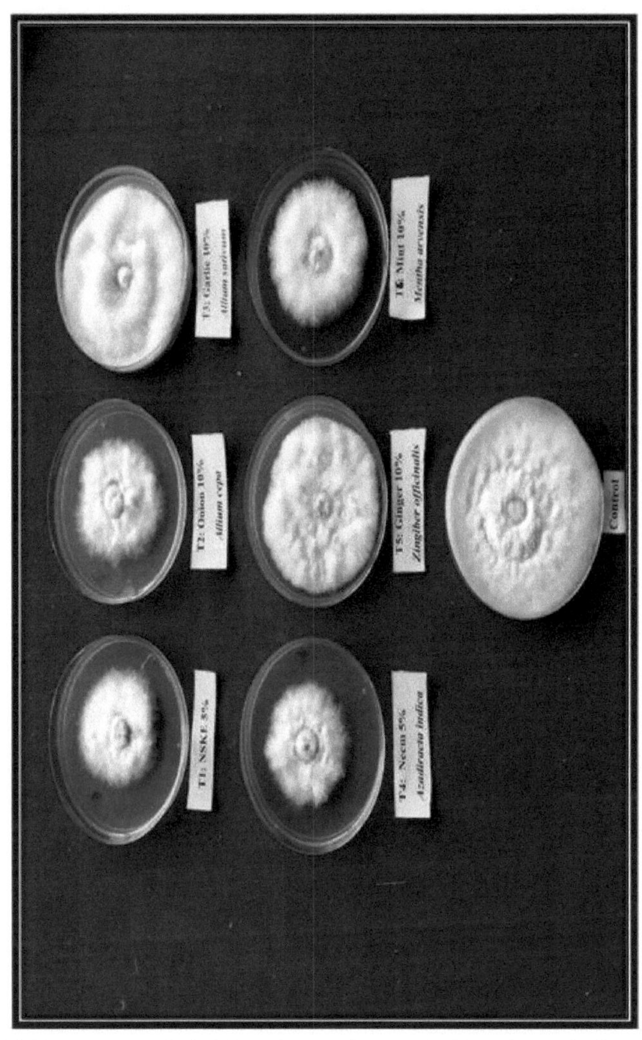

Foto 4.6: Percentagem de inibição do crescimento de *Fusarium solani* por vários extractos de plantas *in vitro*

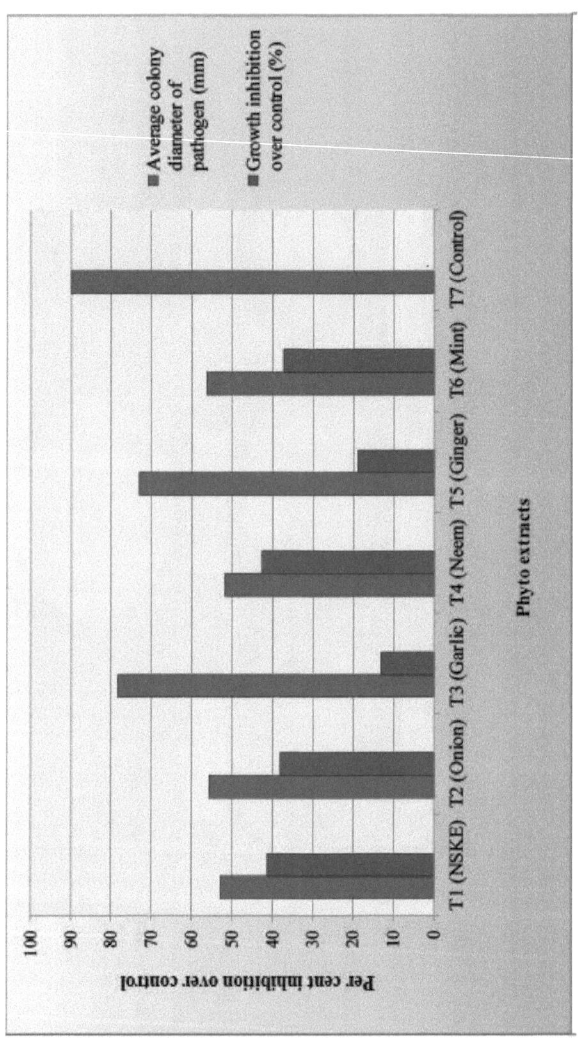

Fig. 4.1: Inibição do crescimento de *F. solani* por diferentes extractos de plantas *in vitro*

36

A partir desta experiência, ficou muito claro que o extrato de cebola (*Allium cepa*), alho (*Allium sativum*), neem (*Azadirachta indica*), gengibre (*Zingiber officinalis*), hortelã (*Mentha arvensis*) e NSKE pode ter algum princípio tóxico forte presente que afectou diretamente o crescimento do *Fusarium solani*.

Resultados semelhantes foram registados por Mamatha e Ravishankar (2004) que relataram que o extrato de neem foi eficaz na inibição do crescimento de *F. solani*. Joseph *et al.* (2008) e Obongoya *et al.* (2010) verificaram que os extractos de neem (*A. indica*) foram considerados mais eficazes na inibição do crescimento de *F. solani*. De acordo com Khanzada *et al.* (2016), uma dose mais elevada *de* extractos de *A. indica* mostrou um efeito inibitório máximo contra *F. solani*. Ghante *et al.* (2019) concluíram que a inibição média do crescimento micelial foi significativamente maior em *A. indica*.

4.3 AVALIAÇÃO DE DIFERENTES FUNGICIDAS CONTRA *Fusarium solani IN VITRO*

Sete fungicidas diferentes foram avaliados *in vitro* em várias concentrações (cada uma a 50, 100 e 250 ppm) (Quadro 4.2) contra *Fusarium solani*, que causa a murchidão da cabaça pontiaguda, através da técnica do veneno alimentar (Schmitz, 1930). Os resultados revelaram que todos os fungicidas testados em três concentrações diferentes inibiram significativamente o crescimento micelial de *F. solani* em relação ao controlo e verificou-se que diminuiu de forma constante com o aumento das concentrações dos fungicidas testados.

Efeito no crescimento das colónias

Na concentração de 50 ppm, o crescimento micelial radial de *Fusarium solani* variou de 28,38 mm a 37,22 mm, contra 71,56 mm no controlo não tratado (Quadro 4.2, Foto 4.7 e Fig. 4.2). Destes sete fungicidas diferentes, o crescimento micelial significativamente menor foi registado no propiconazole 25 EC (28,38 mm), que estava a par do tiofanato metílico 70 WP (28,99 mm). O segundo melhor em ordem de mérito foi o carbendazim 12% + mancozebe 63% WP (30,85 mm), seguido do hexaconazol 5 SC (32,13 mm), que foi igual ao carbendazim 50 WP (32,83 mm), azoxistrobina 18,2% + difenconazol 11,4% SC (35,12 mm), enquanto que a azoxistrobina 23 SC foi registada como menos eficaz, com o maior crescimento micelial (37,22 mm).

A 100 ppm, verificou-se que o crescimento micelial radial de *F. solani* diminuiu em comparação com o de 50 ppm e variou de 28,04 mm a 36,69 mm, contra 71,56 mm no controlo não tratado. Destes sete fungicidas diferentes, o crescimento micelial significativamente menor foi registado no propiconazole 25 EC (28,04 mm), que estava a par do tiofanato metílico 70 WP (28,52 mm). O segundo melhor, por ordem de mérito, foi o carbendazim 12% + mancozebe 63% WP (29,86 mm), seguido do hexaconazol 5 SC (31,30 mm), que estava ao mesmo nível que o carbendazim 50 WP (31,94 mm), azoxistrobina 18,2% + difenconazol 11,4% SC (34,69 mm); no entanto, a azoxistrobina 23 SC registou a menor eficácia com o maior crescimento micelial (36,69 mm).

A 250 ppm, verificou-se que o crescimento micelial radial de *F. solani* diminuiu ainda mais, em comparação com o de 50 ppm e 100 ppm e variou de 27,55 mm a 35,66 mm, contra 71,56 mm no controlo não tratado. Entre os vários fungicidas, o crescimento micelial significativamente menor foi registado no propiconazole 25 EC (27,55 mm), que foi igual ao thiophanate methyl 70 WP (27,97 mm) e carbendazim 12% + mancozeb 63% WP (27,97 mm). O seguinte melhor, por ordem de mérito, foi o hexaconazol 5 SC (30,19 mm), a par do carbendazime 50 WP (31,30 mm) e da azoxistrobina 18,2% + difenconazol 11,4% SC (34,02 mm). A azoxistrobina 23 SC registou a menor eficácia com o maior crescimento micelial

(35,66 mm).

O crescimento micelial radial médio de *F. solani* registado com os fungicidas testados variou de 27,99 mm a 36,52 mm, contra 71,56 mm no controlo não tratado. Os melhores resultados foram obtidos com o propiconazol 25 CE (27,99 mm), que estava a par do tiofanato metílico 70 WP (28,49 mm). O segundo melhor, por ordem de mérito, foi o carbendazim 12% + mancozebe 63% WP (29,56 mm), seguido do hexaconazol 5 SC (31,21 mm), que estava a par do carbendazim 50 WP (32,03 mm), azoxistrobina 18,2% + difenconazol 11,4% SC (34,61 mm), mas a azoxistrobina 23 SC (36,52 mm) foi considerada menos eficaz.

Efeito na inibição do crescimento micelial

Os resultados apresentados no Quadro 4.2 (Foto 4.7 e Fig. 4.2) revelaram que os fungicidas testados (cada um a 50, 100 e 250 ppm) inibiram significativamente o crescimento micelial de *F. solani* em relação ao controlo não tratado. Além disso, a percentagem de inibição do crescimento micelial foi diretamente proporcional às concentrações dos fungicidas testados.

A 50 ppm, a inibição do crescimento micelial de *F. solani* variou de 59,33 a 74,88% no tratamento aplicado. A maior inibição de crescimento foi registada com os fungicidas *viz.,* propiconazole 25 EC (74,88%) que estava a par com thiophanate methyl 70 WP (73,88%). O segundo melhor em ordem de mérito foi o carbendazim 12% + mancozeb 63% WP (70,77%), seguido do hexaconazol 5 SC (68,55%), que foi igual ao carbendazim 50 WP (67,33%), azoxistrobina 18,2% + difenconazol 11,4% SC (63,22%), enquanto que a azoxistrobina 23 SC (59,33%) foi registada como menos eficaz, com menor inibição do crescimento micelial.

A 100 ppm, a inibição do crescimento micelial de *F. solani* variou de 60,33 a 75,44%. A percentagem mais elevada de inibição do crescimento micelial foi registada com os fungicidas *viz.,* propiconazole 25 EC (75,44%), que estava a par com tiofanato metílico 70 WP (74,66%). O segundo melhor em ordem de mérito foi o carbendazim 12% + mancozebe 63% WP (72,44%), seguido do hexaconazol 5 SC (70,00%), que foi igual ao carbendazim 50 WP (68,88%), azoxistrobina 18,2% + difenconazol 11,4% SC (64,00%), enquanto que a azoxistrobina 23 SC (60,33%) foi registada como menos eficaz.

A 250 ppm, os fungicidas testados aumentaram a inibição do crescimento micelial em comparação com 50 ppm e 100 ppm e variou entre 62,22 e 76,22 por cento. A percentagem mais elevada de inibição do crescimento micelial foi registada com os fungicidas *viz.,* propiconazole 25 EC (76,22%), que foi igual ao tiofanato metílico 70 WP (75,55%) e carbendazim 12% + mancozeb 63% WP (75,55%). O segundo melhor, por ordem de mérito, foi o hexaconazol 5 SC (71,88%), a par do carbendazime 50 WP (70,00%), da azoxistrobina 18,2% + difenconazol 11,4% SC (65,22%), mas a azoxistrobina 23 SC (62,22%) foi registada como menos eficaz.

A inibição média do crescimento micelial de *F. solani* registada com os fungicidas testados variou entre 60,63 e 75,51%. A inibição média máxima do crescimento micelial foi registada com os fungicidas *viz.,* propiconazole 25 EC (75,51%), que foi significativamente superior e a par do tiofanato metílico 70 WP (74,70%). O segundo melhor em ordem de mérito foi o carbendazim 12% + mancozebe 63% WP (72,92%), seguido pelo hexaconazol 5 SC (70,14%), que foi igual ao carbendazim 50 WP (68,74%), azoxistrobina 18,2% + difenconazol 11,4% SC (64,15%), enquanto a azoxistrobina 23 SC (60,63%) foi considerada menos eficaz. A azoxistrobina 23 SC foi considerada pouco eficaz no presente estudo.

Estes resultados estão em conformidade com as conclusões anteriores de Baird e Herozg (1995), em que o crescimento do micélio de *F. solani* foi efetivamente inibido pelo propiconazol. Resultados semelhantes foram obtidos por Bhat e Srivastava (2003), que referiram que os fungicidas do grupo dos triazóis eram altamente inibitórios contra *F. solani*. Pandya e Joshi (2006) registaram que o tiofanato metílico e o hexaconazol foram considerados os fungicidas mais eficazes na supressão do crescimento de *F. solani*.

Tabela 4.2: Percentagem de inibição do crescimento de *Fusarium solani* com diferentes concentrações de fungicidas *in vitro* através da técnica de alimentos venenosos

Tr. Não.	Tratamento	Diâmetro das colónias (mm) a ppm			Av. Colónia (mm)	Inibição do crescimento em relação ao controlo (%)			Inibição média (%)
		50	100	250		50	100	250	
T1	Azoxistrobina 23 SC	37.22 (36.60)	36.69 (35.70)	35.66 (34.00)	36.52 (35.43)	59.33	60.33	62.22	60.63
T2	Azoxiestrobina 18,2% + Difenconazol 11,4% SC	35.12 (33.10)	34.69 (32.40)	34.02 (31.30)	34.61 (32.27)	63.22	64.00	65.22	64.15
T3	Carbendazime 50 WP	32.83 (29.40)	31.94 (28.00)	31.30 (27.00)	32.03 (28.13)	67.33	68.88	70.00	68.74
T4	Carbendazime 12%+ Mancozebe 63% WP	30.85 (26.30)	29.86 (24.80)	27.97 (22.00)	29.56 (24.37)	70.77	72.44	75.55	72.92
T5	Propiconazol 25 CE	28.38 (22.60)	28.04 (22.10)	27.55 (21.40)	27.99 (22.03)	74.88	75.44	76.22	75.51
T6	Hexaconazol 5 SC	32.13 (28.30)	31.30 (27.00)	30.19 (25.30)	31.21 (26.87)	68.55	70.00	71.88	70.14
T7	Tiofanato metílico 70 WP	28.99 (23.50)	28.52 (22.80)	27.97 (22.00)	28.49(22.77)	73.88	74.66	75.55	74.77
T8	Controlo	71.56 (90.00)	71.56 (90.00)	71.56 (90.00)	71.56 (90.00)	0.00	0.00	0.00	0.00
	SEm±	0.4	16						
	CD a 5%	1.38					-		
	CV%	2.18							

***Os valores são a média de três repetições**
***Os valores entre parêntesis são os valores originais, enquanto que os valores exteriores são os valores transformados com sinal de arco**

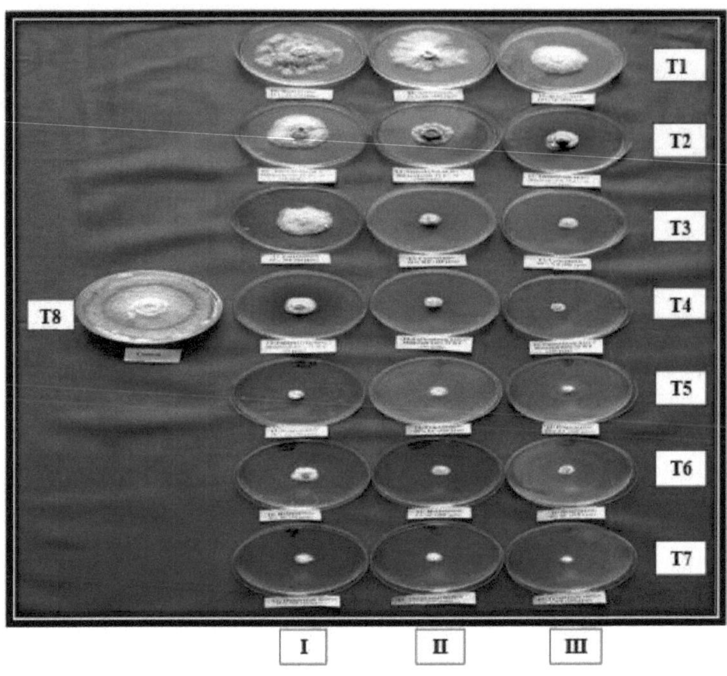

Concentrações (ppm)

	I	II	III
T1: Azoxistrobina 23 SC	50	100	250
T2: Azoxistrobina 18,2% + Difenconazol 11,4% SC	50	100	250
T3: Carbendazim 50 WP	50	100	250
T4: Carbendazime 12% + Mancozebe 63% WP	50	100	250
T5: Propiconazol 25 CE	50	100	250
T6: Hexaconazol 5 SC	50	100	250
T7: Tiofanato metílico 70 WP	50	100	250
T8: Controlo	-	-	-

Foto 4.7: Percentagem de inibição do crescimento de *Fusarium solani* com diferentes concentrações de fungicidas *in vitro*

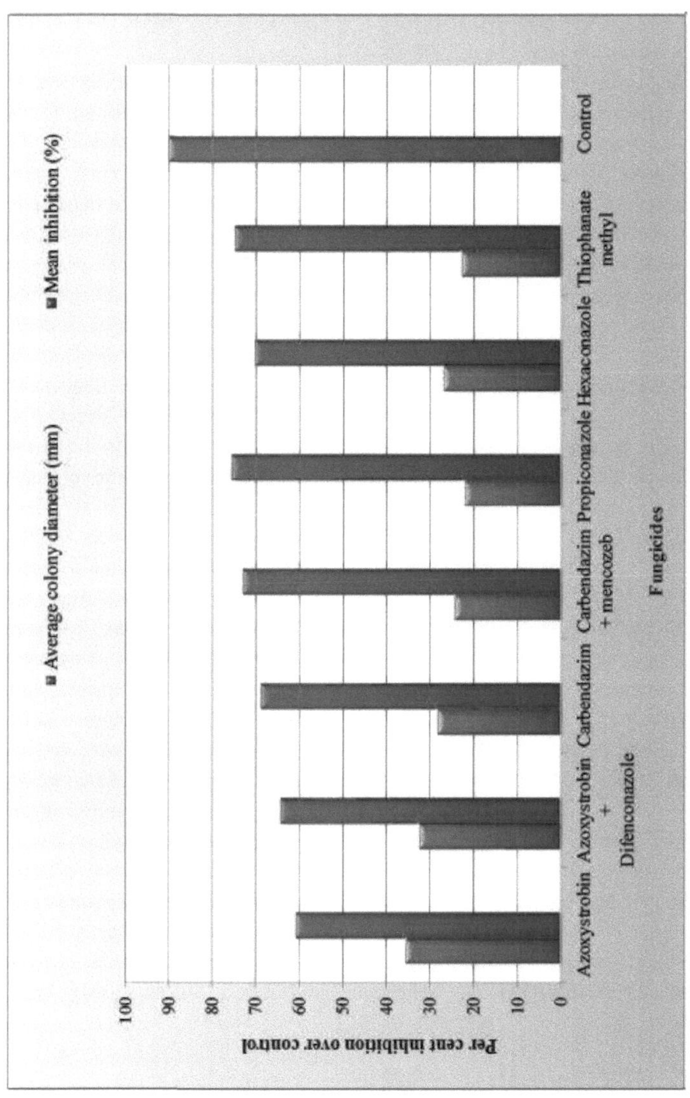

Fig. 4.2: Inibição do crescimento de *F. solani* por diferentes fungicidas *in vitro*

41

4. 4 AVALIAÇÃO DE DIFERENTES AGENTES DE BIOCONTROLO (BCA) CONTRA *Fusarium solani IN VITRO*

A avaliação *in vitro* de diferentes antagonistas nativos isolados, sob a técnica de cultura dupla, revelou a inibição do crescimento do fungo testado (*Fusarium solani*) pelos antagonistas testados, *nomeadamente Trichoderma viride, T. harzianum, Pseudomonas fluorescens, Bacillus subtillis, Aspergillus niger* e *Chaetomium globosum*. Com base nas observações do crescimento radial do antagonista e do fungo testado, foi calculada a percentagem de inibição. As observações relativas à inibição percentual foram apresentadas na Tabela 4.3 e representadas na Fotografia 4.8 com a Figura 4.3.

Os resultados revelaram que todos os antagonistas apresentaram resultados diferentes. É evidente, a partir dos dados apresentados no Quadro 4.3, que todos os agentes de biocontrolo foram capazes de controlar o crescimento micelial de *F. solani*, quer através de um crescimento excessivo, quer através da apresentação de zonas de inibição. Todos os antagonistas inibiram mais de 50% do crescimento do fungo testado, exceto *Chaetomium globosum*. Em geral, os agentes de controlo biológico fúngico foram mais eficazes na inibição do crescimento micelial do agente patogénico testado do que os agentes de controlo biológico bacteriano. O crescimento micelial radial mínimo do agente patogénico (*F. solani*) foi observado em *Trichoderma harzianum* (24,90 mm) seguido de *T. viride* (26,27 mm). Da mesma forma, a percentagem máxima de inibição do micélio do patogénio foi observada em *T. harzianum* (72,33%) seguido de *T. viride* (70,81%). O *Aspergillus niger* também foi considerado melhor, com um crescimento de micélios radiais de 27,90 mm e uma redução de 69,00 por cento no crescimento do agente patogénico. O *Chaetomium globosum* foi o menos eficaz em comparação com os outros bioagentes, apresentando um crescimento micelial radial do agente patogénico de 52,73 mm e 41,41% de inibição dos micélios em relação ao controlo. Entre os antagonistas bacterianos, *Pseudomonas flueroscens apresentou um crescimento micelial* do agente patogénico de 31,07 mm e uma inibição do crescimento de 65,48% em relação ao controlo, seguido de *Bacillus subtilis*, que registou um crescimento micelial de 38,87 mm de diâmetro e uma inibição de 56,81% em relação ao controlo.

Resultados semelhantes foram registados por Gurjar *et al.* (2004), Joshi e Raut (2005) e Chakraborty e Chatterjee (2008). Relataram que *Trichoderma harzianum* mostrou uma forte atividade antagonista em relação a *F. solani em* condições *in vitro*. Chavan e Hegde (2009) relataram que a inibição máxima do crescimento micelial de *F. Solani* foi observada em *T. harzianum*. Vários trabalhadores, *nomeadamente* Dubey e Suresh (2006), Joshi e Harsh (2009),

Gupta *et al.* (2011), Jambhulkar *et al.* (2011) e Choudhary e Mohanka (2012) consideraram *Trichoderma* spp. mais eficaz contra *Fusarium* spp.

Tabela 4.3: Percentagem de inibição do crescimento de *Fusarium solani* por diferentes agentes de controlo biológico (BCA) através da técnica de cultura dupla

Sr. Não.	Tratamento	Agentes de controlo biológico	Diâmetro da colónia do agente patogénico (mm)	Inibição do crescimento em relação ao controlo (%)
1.	T₁	*Trichoderma viride* (isolado NAU)	26.27 (30.83)	70.81
2.	T2	*Trichoderma harzianum* (isolado NAU)	24.90 (29.93)	72.33
3.	T3	*Pseudomonas fluorescens* (isolado da NAU)	31.07 (33.86)	65.48
4.	T4	*Bacillus subtillis* (isolado da NAU)	38.87 (38.56)	56.81
5.	T5	*Chaetomium globosum* (isolado da NAU)	52.73 (46.56)	41.41
6.	T6	*Aspergillus niger* (isolado da NAU)	27.90 (31.88)	69.00
7.	T7	Controlo	90.00 (71.56)	0.00
	SEm±		0.44	
	CD a 5%		1.32	
	CV%		1.86	

*Os valores são a média de três repetições

*Os valores entre parêntesis são valores transformados em sinal de arco, enquanto os valores exteriores são valores originais

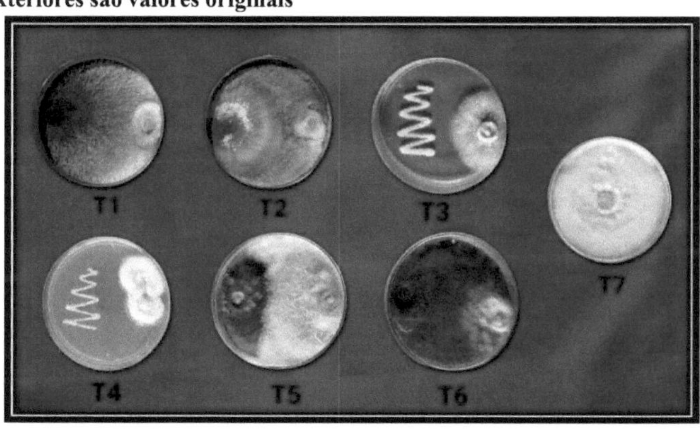

T1: *Trichoderma viride* (isolado NAU)

T2: *Trichoderma harzianum* (isolado NAU)

T3: *Pseudomonas fluorescens* (isolado da NAU)

T4: *Bacillus subtillis* (isolado da NAU)

T5: *Chaetomium globosum* (isolado da NAU)

T6: *Aspergillus niger* (isolado da NAU)

T7: Controlo

Foto 4.8: Percentagem de inibição do crescimento de *F. solani* por diferentes agentes biológicos *in vitro*

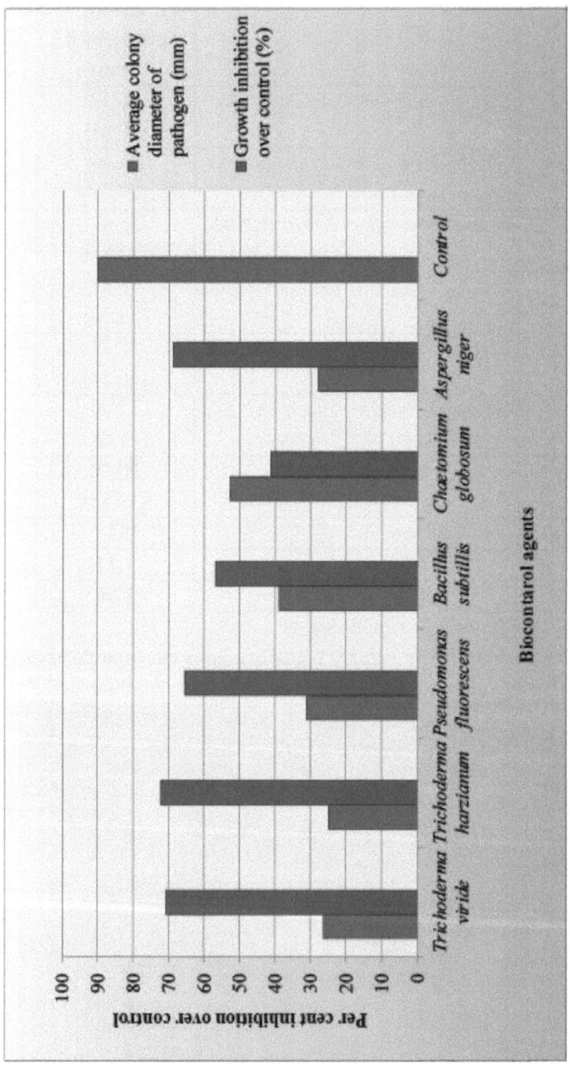

Fig. 4.3: Inibição do crescimento de *F. solani* por diferentes agentes de biocontrolo (BCA) *in vitro*

4.5 AVALIAÇÃO DOS FUNGICIDAS E AGENTES DE BIOCONTROLO MAIS EFICAZES EM CONDIÇÕES DE VASO

Com o objetivo de descobrir uma integração eficaz de vários métodos de gestão da doença da murchidão da cabaça pontiaguda, foi realizada uma experiência de cultura em vaso.

Os dois fungicidas e os três agentes biológicos que se revelaram mais eficazes contra *Fusarium solani* durante os estudos *in vitro* foram integrados na gestão da murcha de fusarium da cabaça pontiaguda em condições de vaso.

Os dados apresentados no Quadro 4.4 e representados na Foto 4.10 com a Fig. 4.4 revelaram que a incidência da murchidão foi significativamente menor em todos os tratamentos. Entre eles, o propiconazole 25 EC (T1) provou ser 80,00 por cento eficaz na gestão da doença da murchidão a 0,1%. Foi estatisticamente significativo em relação ao controlo. O próximo melhor tratamento em ordem de mérito foi tiofanato metílico 70 WP (T2) 70,00 por cento a 0,1% seguido por *Trichoderma harzianum* @ 50gm/planta/pot (T3) 66,67 por cento, *T. viride* @ 50 gm/planta/pot (T4) 63,33 por cento e *Aspergillus niger* @ 25gm/planta/pot (T5) 60,00 por cento.

A incidência da doença da murcha foi mínima quando o solo foi regado com 0,1% de propiconazol 25 EC (20,00%). Os melhores resultados seguintes foram encontrados com o tratamento de 0,1% tiofanato metílico 70 WP (30,00%) seguido de *Trichoderma harzianum* @50 gm/planta/pot (33,33%) e *T. viride* @50 gm/planta/pot (36,67%), enquanto os restantes tratamentos mostraram mais de 50% de controlo da doença.

Resultados semelhantes foram registados por Chavan e Hegde (2009), onde o propiconazol deu melhores resultados em condições de vaso para controlar a murchidão do patchouli.

Tabela 4.4: Ensaio dos fungicidas e agentes de biocontrolo mais eficientes contra *Fusarium solani* em condições de vaso

N.º Sr.	Tratamento	Incidência da doença (%)	Redução da doença em relação ao controlo (%)
1.	Propiconazol 25 CE	20.00 (26.07)	80.00
2.	Tiofanato metílico 70 WP	30.00 (33.21)	70.00
3.	*Trichoderma harzianum* (isolado NAU)	33.33 (35.21)	66.67
4.	*Trichoderma viride* (isolado NAU)	36.67 (37.22)	63.33
5.	*Aspergillus niger* (isolado da NAU)	40.00 (39.23)	60.00
6.	Controlo inoculado	100.00 (90.00)	0.00
	SEm±	**2.09**	
	CD a 5%	**6.45**	
	CV %	**8.34**	

***Os valores são a média de três repetições**

***Os valores entre parêntesis são valores transformados em sinal de arco**

Multiplicação em massa do agente patogénico *Fusarium solani*

Mistura de inóculo de *Fusarium* no solo
Multiplicação em massa do agente patogénico *Fusarium solani*
Foto 4.9: Preparação do inóculo do agente patogénico em meio de farinha de milho e areia (SMMM)

T1

T2

T3

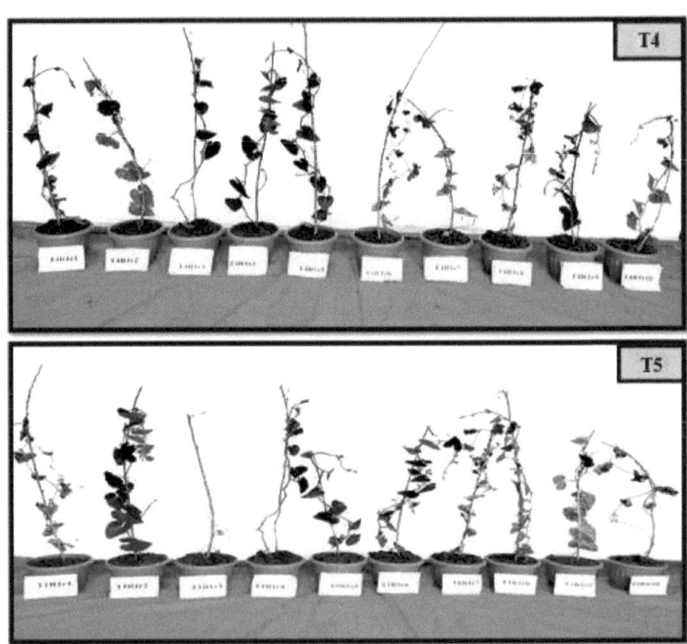

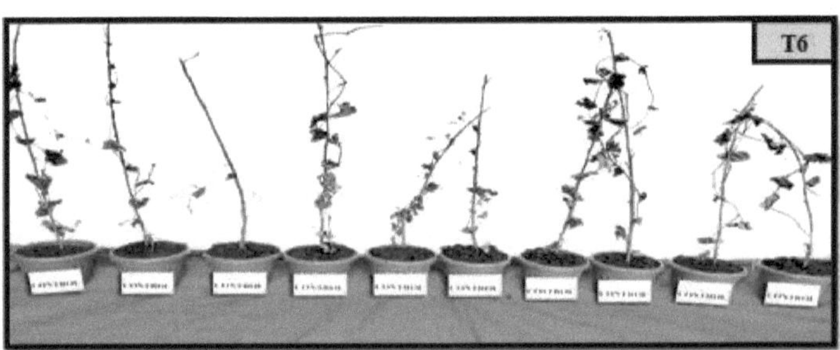

hoto 4.10: Ensaio de fungicidas e bioagentes para o controlo da murchidão da cabaça em vaso

    T1Secagem no solo   de propiconazol 25 CE a 0,1%

    T2Secagem no solo   de tiofanato metílico 70 WP a 0,1%

T3 Aplicação no solo de *Trichoderma harzianum* @ 50gm/planta/pot

T4 Aplicação no solo de *Trichoderma viride* @ 50gm/planta/pot

    T5Aplicação no solo   de *Aspergillus niger* @ 25gm/planta/pot

    T6Controlo inoculado

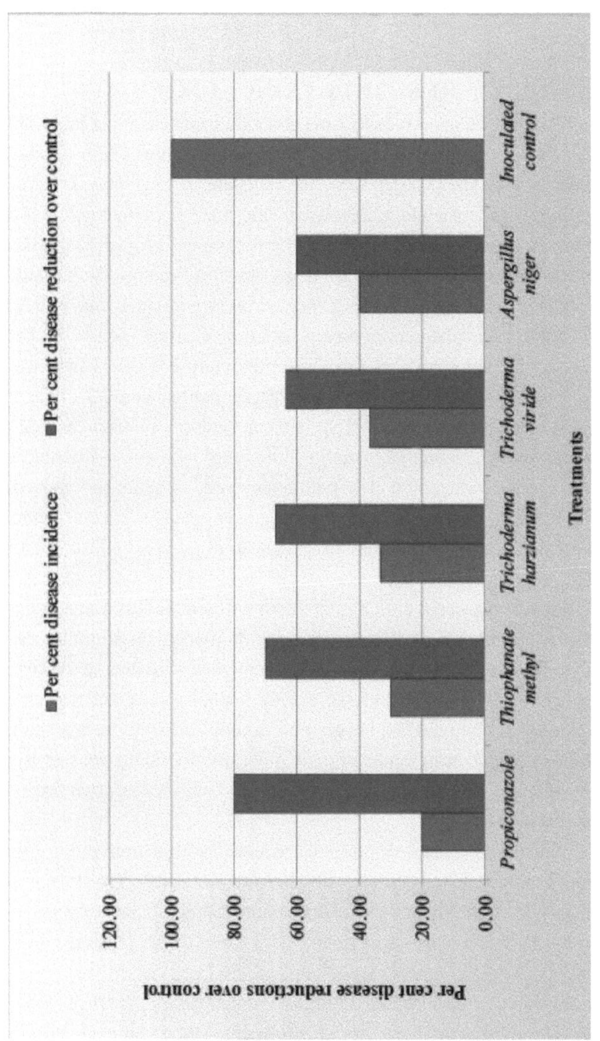

Fig. 4.4: Por cenFFtii ggw..i l44t.. 44d::i sPPeeearrs ecc eeinnnctt iwwdeiillntt c ddeii ssoeenaa sspeeo iiinnnccteiidddee gnnoccueer oodnn pplaooniinntsttee addn ggdoo duuirrsdde appslleaa nncottssn tiinnro ppl ooottv eccoor nncdhiiettciiooknn issn pot condições

CAPÍTULO 5

RESUMO E CONCLUSÕES

A cabaça (*Trichosanthes dioica* Roxb.) é uma das cucurbitáceas mais importantes nas regiões asiáticas tropicais e subtropicais do mundo. A doença da murchidão da cabaça pontiaguda causada por *Fusarium solani* (Mart.) Sacc. foi registada pela primeira vez em Varanasi em 1974. A cabaça pontiaguda é afetada negativamente por vários factores abióticos e bióticos, incluindo insectos, pragas, bactérias, nemátodos e fungos em proporções variáveis. É também atacada por várias doenças em todas as fases de crescimento da cultura. Entre elas, a murchidão da cabaça pontiaguda causada por *F. solani* é uma das principais ameaças à rentabilidade da cultura da cabaça pontiaguda no sul de Gujarat. Sendo um habitante do solo, espalha-se mais rapidamente em condições de monocultura e causa uma maior redução do rendimento. Por conseguinte, a presente investigação sobre "Estudos sobre a murchidão da cabaça pontiaguda causada por *Fusarium* sp. e a sua gestão" foi empreendida para estudar os vários aspectos da doença, *nomeadamente* a sintomatologia, o isolamento, a purificação, a identificação do agente patogénico e a patogenicidade, a avaliação *in vitro* de extractos vegetais, a avaliação *in vitro* e *in vivo* dos fungicidas mais eficazes contra *F. solani*. Os resultados obtidos no decurso da presente investigação estão resumidos a seguir:

5.1 RESUMO

Os sintomas da doença aparecem como amarelecimento das folhas e queda das folhas médias e inferiores, que mais tarde se espalha para o topo da planta. Os sintomas de murchidão são acompanhados de clorose das folhas, seguida de necrose e, finalmente, da morte da planta. A descoloração vascular do caule estende-se a toda a planta e, quando as raízes das plantas infectadas são abertas e examinadas, surge uma descoloração negra acastanhada do sistema vascular. A infeção precoce das plantas impede o desenvolvimento dos frutos, enquanto que a infeção tardia resulta em frutos pequenos e anormais. Também se observou o amortecimento pós-emergência das plântulas.

As amostras de plantas de cabaça pontiaguda infectadas com murchidão foram colhidas na aldeia de Vadia (campo do agricultor) do distrito de Surat (Gujarat) e levadas para o laboratório, tendo sido submetidas a um exame microscópico e, em seguida, o isolamento foi efectuado através da técnica de isolamento de tecidos, que produziu a cultura pura de *Fusarium solani*.

O exame microscópico da cultura fúngica revelou a presença de microconídios, macroconídios e clamidósporos de *F. solani* e micélio branco sujo. A cultura do organismo foi obtida por isolamento de tecidos.

Foram estudadas as características morfológicas e culturais de *F. solani*, que revelaram colónias algodonosas, brancas e circulares em placas de PDA. As hifas do fungo eram ramificadas, septadas e hialinas. O fungo produziu três tipos de esporos: macroconídios, microconídios e clamidósporos. Os macroconídios eram hialinos e em forma de foice com extremidades arredondadas ou pontiagudas de ambos os lados, 1-4 septos, os microconídios eram de forma oval com uma célula e os clamidósporos eram arredondados, intercalares e individuais ou em cadeias de dois.

A patogenicidade de *Fusarium solani* foi comprovada com êxito em vaso pelo método de inoculação no solo com cultura em massa do agente patogénico testado. Os sintomas produzidos em plantas doentes inoculadas artificialmente mostram sintomas semelhantes aos das plantas infectadas naturalmente. O agente patogénico foi re-isolado das partes infectadas da planta, *ou seja,* raízes e tecidos do caule, em meio PDA. O fungo re-isolado mostrou um crescimento micelial branco e cotonoso. As observações microscópicas mostraram que as hifas do fungo eram ramificadas, hialinas e septadas. O fungo produziu macro e microconídios. Os caracteres microscópicos do fungo re-isolado eram os mesmos que os registados na cultura original do fungo testado e as características das colónias de ambas as culturas também eram as mesmas. Isto provou os postulados de Koch e a patogenicidade do fungo isolado.

Com base na sintomatologia, nas características culturais e morfológicas, nas observações microscópicas e no teste de patogenicidade, o agente patogénico testado foi identificado como *F. solani* e confirmado por comparação com a literatura autêntica.

Os fitoextratos de seis diferentes plantas esterilizadas, disponíveis no mercado, foram testados em condições laboratoriais através da técnica de alimentos venenosos contra *F. solani.* Os extractos de folhas de neem 5% (*Azadiracta indica* L.) (42,62%) provaram ser significativamente superiores e a par com NSKE 5% (*A. indica* L.) (41,30%) para inibir o crescimento micelial do patogénio. O segundo melhor foi a cebola (*Allium cepa* L.), seguido da hortelã (*Mentha arvensis*), do gengibre (*Zingiber officinalis*) e do alho (*Allium sativum*). O alho (*Allium sativum*) foi considerado o menos eficaz para controlar o agente patogénico.

Sete fungicidas diferentes foram avaliados em três concentrações diferentes pela técnica do veneno alimentar para avaliar a sua eficácia contra *F. solani.* Entre eles, a inibição máxima do crescimento micelial foi encontrada no propiconazole 25 EC (75,51%), que estava a par do tiofanato metílico 70 WP (74,70%). O segundo melhor, por ordem de mérito, foi o carbendazime 12% + mancozebe 63% WP (72,92%), seguido do hexaconazol 5 SC (70,14%), que foi igual ao carbendazime 50 WP (68,74%), azoxistrobina 18,2% + difenconazol 11,4% SC (64,15%). A azoxistrobina 23 SC (60,63%) foi considerada menos eficaz no controlo de *F. solani.*

Seis agentes de controlo biológico diferentes foram avaliados *in vitro* pelo método de cultura dupla contra *F. solani,* que inibiu o crescimento do agente patogénico em 41,41 a 72,33 por cento. Os isolados de *Trichoderma,* agente de controlo biológico fúngico, revelaram-se mais eficazes do que os isolados bacterianos. Entre eles, os isolados de *Trichoderma T. harzianum,* seguidos de *T. viride,* apresentaram resultados mais prometedores em comparação com os outros. A maior inibição do crescimento de *F. solani* foi registada por *T. harzianum* (72,33%) seguido de *T. viride* (70,81%). A menor inibição do crescimento foi registada em *Chaetomium globosum* (41,41%). *Pseudomonas fluorescens* (65,48%) e *Bacillus subtilis* (56,81%) revelaram-se menos eficazes em comparação com os agentes biológicos fúngicos.

Foi realizada uma experiência de cultura em vaso para testar a eficácia de fungicidas e agentes de biocontrolo eficazes que foram considerados eficazes *in vitro.* Em condições laboratoriais, *Trichoderma harzianum, T. viride* e *Aspergillus niger* foram considerados mais eficazes do que outros agentes de controlo biológico e, entre vários fungicidas, o propiconazole 25 EC e o tiofanato metílico 70 WP foram considerados mais promissores do que outros fungicidas, pelo que foram seleccionados para a experiência em vaso. Entre os vários tratamentos, o encharcamento do solo com propiconazole 25 EC @0,1% (T1) (80,00%) provou ser o mais eficaz, seguido pelo tiofanato metílico 70 WP @0,1% (T2) (70,00%). O próximo melhor foi *T. harzianum* @ 50 gm/planta/pot (T3) (66,67%) seguido por *T. viride* @ 50 gm/planta/pot (T4) (63,33%). A redução mínima da doença foi encontrada em *Aspergillus niger* (T5) (60,00%).

5.2 CONCLUSÕES

Concluiu-se que a murcha de fusarium é uma das doenças mais importantes e destrutivas da cabaça pontiaguda e apresenta sintomas típicos, *nomeadamente* amarelecimento, queda e murchidão das folhas inferiores, acastanhamento e descoloração dos tecidos vasculares e murchidão de toda a planta. Durante o teste de patogenicidade, os sintomas da doença em plantas inoculadas artificialmente apresentam sintomas semelhantes aos das plantas infectadas naturalmente. No caso dos produtos botânicos, o extrato de folhas de nim e o NSKE controlam eficazmente o crescimento do agente patogénico *em* condições in *vitro*. No caso de diferentes estudos *in vitro*, o propiconazol 25 EC e o tiofanato metílico 70 WP e os agentes de biocontrolo *Trichoderma harzianum* e *T. viride* mostraram-se mais eficazes no controlo do agente patogénico. Em experiências de cultura em vaso, verificou-se que as plantas tratadas com propiconazole 25 EC (0,1%) e tiofanato metílico 70 WP (0,1%) foram significativamente superiores na redução da doença.

REFERÊNCIAS

Agrios, G. N. (1988). Plant pathology 3rd edition Academic press, New York: 803 p.

Agrios, G. N. (2006). Plant pathology 5th edition Academic press, New Delhi: Elsevier. 523-526 pp.

Akrami, M. (2015). Efeitos de *Trichoderma* spp. no biocontrolo de *Fusarium solani* e *Fusarium oxysporum* do pepino (*Cucumis sativus*). *J. Appl. Env. Bio. Sci.,* **4:** 241- 245.

A-Waily, D. S. e Hassan, S. M. (2019). Efeito de duas bioformulações *Trichoderma harzianum* e *Pseudomonas fluorescens* com estrume no controlo da doença de fusarium wilt em Pumpkin. *J. Univ. Sci. Technol.,* **27**(1): 446-456.

Aneja, K. R. (2002). Experiências em microbiologia, patologia vegetal, cultura de tecidos e cultura de cogumelos.

Anónimo (2018). Estatísticas de produção por área - National Horticulatural Board. (http://nhb.gov.in).

Anónimo (2019). Área e produção da cultura de horticultura: Toda a Índia. (http://agricoop.nic.in) Consultado em 4th julho 2019.

Asma, A.; Easa, H.; Shamarina, S.; Noor, B. S. e Mohd, Z. (2020). Caracterização morfológica, filogenética e patogenicidade de espécies de *Fusarium* associadas à doença da murcha da abóbora (*Cucurbitapepo* L.). *Asian J. Agric. Biol.,* **8**(1): 7584.

Baird, R. K. e Herozg, G. A. (1995). Tratamento fungicida para controlo da podridão da cápsula. Em: *Proc. Beltwide cotton conferences,* San Antonio, TX, USA. **1:** 233-234.

Bammidi K. R. e B. P. Dandnayak (2018). Avaliação *in vitro* de botânicos contra a murcha de fusarium de coentro causada por *Fusarium oxysporum* f. sp. *Coriandrii* (L.). *Int. J. Pl. Sci.,* **4:** 1-6.

Bana, S. R.; Meena, M. K.; Meena, N. K. e Patil, N. B. (2017). Avaliação da eficácia de fungicidas e bio-agentes contra *Fusarium oxysporum em* condições *in vitro* e *in vivo. Int. J. Curr. Microbiol. Appl. Sci.,* **6**(4): 1588-1593.

Barhate, B. G.; Musmade, N. A. e Nikhate, T. A. (2015). Manejo da murcha de fusarium do tomateiro por bioagentes, fungicidas e resistência varietal. *Int. J. Plant Prot.,* **8**(1): 49-52.

Bell, D. K.; Wells, H. D. e Markham, C. R. (1982). Antagonismo *in vitro* de espécies de *Trichoderma* contra seis fungos patogénicos de plantas. *Phytopathol.,* **72**(4): 379382.

Bhat, N. M. e Srivastava, L. S. (2003). Avaliação de alguns fungicidas e formulações de neem contra seis agentes patogénicos do solo e três *Trichoderma* spp. *in vitro. Plant Dis. Res.,* **18**(1): 56-59.

Biswas, K. K. e Sen, C. (2000). Gestão da podridão do caule do amendoim causada por *Sclerotium rolfsii* através de *Trichoderma harzianum. Indian Phytopathol,* **53**(3): 290-295.

Booth, C. (1977). Fusarium laboratory guide to the identification of the major species. Publicação, 1-37.

Chakraborty, M. R. e Chatterjee, N. C. (2008). Controlo da murcha de fusarium de *Solanum melongena* por *Trichoderma* spp. *Biol. Plant.,* **52**(3): 582-586.

Chaube, H. S. e Pundhir, V. S. (2012). Crop diseases and their management 3rd printing. Asoke K. Ghosh, PHI learning private limited, Nova Deli. 454-468 pp.

Chavan, S. S. e Hegde, Y. R. (2009). Gestão da murchidão do patchouli causada por *Fusarium solani.J. Mycol. Plant Pathol.,* **39**(1): 32-34.

Chen, L. H.; Huang, X. Q.; Yang, X. M. e Shen, Q. R. (2013). Modelagem dos efeitos de fatores ambientais sobre a população de *Fusarium oxysporum* em solo continuamente cultivado com pepino. *Commun. Ciência do Solo e Análise de Plantas*, **44**(15): 2219-2232.

Chen, Z. D.; Huang, R. K.; Li, Q. Q.; Wen, J. L. e Yuan, G. Q. (2015). Desenvolvimento de patogenicidade e AFLP para caraterizar *Fusarium oxysporum* f. sp. *momordicae* isola de cabaça amarga na China. *J. Phytopathol*, **163**(3): 202-211.

Choudhary, S. e Mohanka, R. (2012). Antagonismo *in vitro* de isolados indígenas de *Trichoderma* contra o fitopatógeno que causa a murcha da lentilha. *Int. J. Life Sci. Pharma Res.*, **2**(3): 196-202.

Daami-Remadi, M.; Ayed, F.; Jebari, H.; Jabnoun-Khiareddine, H. e El Mahjoub, M. (2007). Variação entre alguns isolados de *Fusarium oxysporum* f. sp. *melonis* medida pelo seu efeito no crescimento da planta de melão e na severidade da murchidão. *Afr. J. Plant Sci. Biotechnol.*, **1**(1): 5-9.

Dahal, N. e Shrestha, R. K. (2018). Avaliação de fungicidas contra *Fusarium oxysporum* f. sp. *lentis in vitro* em Lamjung, Nepal. *J. Agric. Anim. Sci.*, **35**(1):105- 112.

Dennis, C. e Webster, J. (1971). Propriedades antagónicas de grupos de espécies de *Trichoderma:* I. Produção de antibióticos não voláteis. *Trans. Brit. Mycol. Soc.*, **57**(1): 25-33.

Desai, T. P. (2014). Investigação sobre a murcha do quiabo (*Fusarium* sp.) nas condições do sul de Gujarat. *Tese de Mestrado (Agri.)*. Universidade Agrícola de Navsari, Navsari, Índia.

Dubey, H. C. (2014). Patologia Vegetal Moderna, 2nd edição Saraswati Purohit para Edição do Estudante, Jodhpur, 385-387 pp.

Dubey, S. C. e Suresh, M. (2006). Avaliação de *Trichoderma* spp. contra *Fusarium oxysporum* f. sp. *ciceris* para a gestão integrada do grão-de-bico. *Biol. Control*, **40**: 118-127.

Egel, D. S. e Martyn, R. D. (2007). Fusarium wilt of watermelon and other cucurbits (Murchidão de Fusarium da melancia e outras cucurbitáceas). *Plant Health Instr.*, **10**: 1094.

Gadhiya, R. B. (1990). Estudos sobre a murchidão [*Fusarium solani* (Mart.) Sacc.] da cabaça pontiaguda nas condições do Sul de Gujarat. *Tese de doutoramento (Agri.),* Universidade Agrícola de Navsari, Navsari, Índia.

Ghante, P. H.; Kanase, K. M.; Apet, K. T.; Deshmukh, G. P.; Bannihatti, R. K. e Agale, R. C. (2019). Ocorrência, distribuição e patogenicidade de isolados variáveis de *Fusarium oxysporum* f. sp. *udum* causando doença murcha de Pigeonpea. *Bull. Env. Pharmacol. Life Sci.*, **8**(4): 23-33.

Gogoi, M.; Sarmah, D. K. e Ali, S. (2017). Variações culturais e morfológicas de *Fusarium solani* (Mart.) Sacc. causando podridão radicular de patchouli em Assam, Índia. *Int. J. Curr. Microbiol. Appl. Sci.*, **6**(11): 1889-1901.

Gupta, V.; Dolly; Razdan, V. K. e Singh, I. (2011). Gestão integrada da murchidão do feijão-frade. *J. Mycol. Plant Pathol.*, **41**(4): 573-57.

Gurjar, K. L.; Singh, S. D. e Raval, P. (2004). Gestão de agentes patogénicos transmitidos por sementes de quiabeiro com bioagentes. *Plant Dis. Res.*, **19**(1): 44-46.

Hamed, E. R.; AbdEl-Sayed, M. H. F. e Shehata, H. S. (2009). Supressão da murcha de fusarium da melancia por controlo biológico e químico. *Res. J. Appl. Sci.*, **5**(10): 1816-1825.

Haseeb, A.; Kumar, V. e Shukla, P. K. (2006). Avaliação de bioinoculantes, aditivos orgânicos e pesticidas contra *Fusarium oxysporum* na malagueta. *Plant Prot. Sci.*, **14**(2): 396-399.

Jadhav, G. H. (2012). Estudos sobre a murcha de fusarium da cabaça de garrafa [*Lagenaria siceraria* (Mol.) Standal.]. *Tese de Mestrado (Agri.),* Dr. Balasaheb Sawant Konkan Krishi Vidhyapith, Dapoli, Índia.

Jambhulkar, P.; Ramesh, P. e Babu, S. (2011). Eficácia comparativa de fungicidas e antagonistas contra a murcha de fusarium do grão-de-bico. *J. Mycol. Plant Pathol.*, **41**(3): 399401.

Jha, A. C.; Kumar, A.; Jamwal, S.; Jamval, R. e Jamwal, A. (2018). Gestão integrada da murcha do tomate causada por *Fusarium oxysporum* f. sp. *lycopersici*. *J. Entomol. Zool. Stud.*, **6**(2): 1338-1341.

Joseph, B.; Muzafar, A. D. e Kumar, V. (2008). Bioeficácia de extractos de plantas para controlar *Fusarium solani* f. sp. *melongenae* incitant of brinjal wilt. *Glob. J. Biotechnol. Biochem.*, **3**(2): 56-59.

Joshi, K. e Harsh, N. S. K. (2009). Biological control of fusarium wilt of *Dalbergia sisso* seedlings in nurseries using *Trichoderma* spp. *J. Mycol. Plant Pathol.*, **39**(3): 439-444.

Joshi, V. e Raut, S. P. (2005). Agentes biológicos promissores na gestão de *Fusarium solani* que causa a murchidão das plântulas do cajueiro híbrido. *Plant Prot. Sci.*, **13**(1): 149-151.

Juber, K. S. e Hussein, S. N. (2014). Primeiro relatório de identificação *Fusarium solani* f. sp. *cucurbitae* raça 1 e 2 o agente causal da doença da coroa e podridão radicular da melancia no Iraque. *Int. J. Agric. Innov. Res.*, **3**(4): 2319-1473.

Kapadiya, I. B.; Undhad, S. V.; Talaviya, J. R. e Siddhapara, M. R. (2014). Avaliação de fitoextratos contra *Fusarium solani* causando podridão radicular do quiabo. *J. Biopestic.*, **7**: 7-9.

Kehinde, I. A. (2011). Sintomas característicos de doenças do melão causadas por fungos no sudoeste da Nigéria. *Afr. J. Agric. Res.*, **8**(46): 5791-5801.

Khanzada, M. A.; Tanveer, M.; Maitlo, S. A.; Hajano, J.; Ujjan, A. A.; Syed, R. N. e Rajput, A. Q. (2016). Eficácia comparativa de fungicidas químicos, extractos de plantas e agentes de controlo biológico contra *Fusarium solani* em condições laboratoriais. *Pak. J. Phytopathol.*, **28**(2): 133-139.

Khare, C. P. (2004). Indian herbal remedies: rational Western therapy, ayurvedic, and other traditional usage, Botany. Springer science and business media. pp. 457458.

Kleczewski, N. M. e Egel, D. S. (2011). Um guia de diagnóstico para a murcha de fusarium da melancia. *Plant Health Prog.*, **12**(1): 27.

Kumar, N. (2011). Cabaça pontiaguda (*Trichosanthes dioica* Roxb). Uma visão geral. *Int. J. Pharma Bio. Sci.*, **2** (3): 111-118.

Kumar, S. P.; Mishra, M. K. e Mishra, P. R. (2018). Eficácia *in vitro* de botânicos e agentes de biocontrolo contra o fusarium leaf blight do tomate. *J. Entomol. Zool. Stud.*, **6**(5): 2415-2418.

Lopez-Aranda, J. M.; Dominguez, P.; Miranda, L.; Santos, B.; Talavera, M. e Daugovish, O. (2016). Utilização de fumigantes na produção de morangos na Europa: o panorama atual e soluções. *Int. J. Fruit Sci.*, **16**: 1-15.

Madhavi, G. B. e Bhattiprolu, S. L. (2011). Avaliação de fungicidas, práticas de correção do solo e bioagentes contra *Fusarium solani*, agente causal da doença da murchidão da malagueta. *J. Hort. Sci.*, **6**(2): 141-144.

Madhavi, M.; Kumar, C. P.; Reddy, D. R. e Singh, T. V. (2006). Integrated management of wilt of Chilli (Gestão integrada da murchidão da malagueta). *Indian J. Plant Prot.*, **34**(2): 225-228.

Majdah M. Y. e Al-Tuwaijri (2015). Estudos sobre a doença de fusarium wilt do pepino. *J. Appl. Pharma. Sci.*, **5**(2): 110-119.

Mamatha, T. e Ravishankar, R. V. (2004). Avaliação de fungicidas e extractos de plantas contra o míldio foliar de *Fusarium solani* em *Terminalia catappa*. *J. Mycol. Plant Pathol.*,

34(2): 306-307.

Manohari, J.; Latha, P.; Kamalakannan, A.; Selvakumar, S. e Karthikeyan, M. (2020). Caracterização de *Fusarium solani* (Mart.) Sacc. causando murcha de fusarium de cabaça amarga na região de Coimbatore. *Int. J. Curr. Microbiol. Appl. Sci.*, **9**(6): 2336-2349.

Meena, A. K. e Thakur, K. D. (2014). Efeito da solarização do solo na murcha de pimenta causada por *Fusarium oxysporum* f. sp. *capsici. Adv. Res. J. Crop Improv.*, **5**(2): 93-96.

Mondal, B., Das, R., Saha, G. e Khatua, D. C. (2014). Oídio de cabaça pontiaguda cabaça e sua gestão. *Scholar Acad. J. Biosci. (SAJB)*, **2**(6): 389-392.

More, P. S. e Parate, R. L. (2016). Avaliação de botânicos e bioagentes contra patógenos do complexo da murcha do grão-de-bico. *Int. J. Plant Prot.*, **9**(2): 469-473.

More, P. S., Parate, R. L. e Mairan, N. R. (2016). Avaliação de botânicos e bioagentes para registar a raiz, o comprimento do rebento e o índice de vigor do grão-de-bico. *Int. J. Plant Prot.*, **9**(2): 483-488.

Musmade, N.; Pillai T. e Thakur, K. D. (2009). Gestão biológica e química da murchidão do tomateiro causada por *Fusarium oxysporum* f. sp. *lycopersici. J. Soil. Crop.*, **19**(1): 118-121.

Narayanan, P.; Vanitha, S.; Rajalakshmi, J.; Parthasarathy, S.; Arunkumar, K.; Nagendran, K. e Karthikeyan, G. (2015). Eficácia de agentes de biocontrolo e fungicidas na gestão da murcha de amoreira causada por *Fusarium solani. J. Biol. Control*, **29**(2): 107-114.

Nisa, T. U.; Wani, A. H.; Bhat, M. Y.; Pala, S. A. e Mir, R. A. (2011). Efeito inibitório *in vitro* de fungicidas e botânicos no crescimento micelial e na germinação de esporos de *Fusarium oxysporum. J. Biopestic.*, **4**(1): 53-56.

Obongoya, B. O.; Wagai, S. O. e Odhiambo, G. (2010). Efeito fitotóxico de extractos brutos de plantas seleccionados em fungos do solo do feijão comum. *African Crop Sci. J.*, **18**(1): 15-22.

Pagoch, K. e Raina, P. K. (2013). Triagem de espécies de *Trichoderma* da região de Jammu contra *Fusarium oxysporum* f. sp. *cucumerinum* causando murcha em pepino. *Indian Phytopathol*, **66**(1):109-111.

Pandey, A. K e Ram, D. (2000). Efeito do IBA, NAA e número de nós na regeneração de cabaça pontiaguda (*Trichosanthes dioica* Roxb.) por estacas de caule. *Prog. Hort.*, **32**: 172-175.

Pandya, J. R. e Joshi, D. M. (2006). *Fusarium solani* (Mart.) Sacc. - An incitant of muskmelon wilt, *Indian Phytopath*, **60**(3): 402-403.

Pandya, J. R. e Sabalpara, A. N. (2011). Comparação de isolados nativos de *Trichoderma* em importantes agentes patogénicos transmitidos pelo solo. *Res. J. Pharm. Biol. Chem. Sci.*, **2**(2): 755760.

Pivonia, S.; Cohen, R.; Kafkafi, U.; Ze'ev, I. B. e Katan, J. (1997). Murchidão súbita do melão no sul de Israel: agentes fúngicos e relação com o desenvolvimento da planta. *Plant Dis.*, **81**(11): 1264-1268.

Pscheidt J. W. e Ocamb C. M. (2016). Manual de gestão de doenças de plantas do noroeste do Pacífico. *Oregon: Serviço de Extensão do Estado do Oregon,* p. 848.

Rahman, M. Z.; Ahmad, K.; Bashir Kutawa, A.; Siddiqui, Y.; Saad, N.; Geok Hun, T. e Hossain, M. I. (2021). Biologia, diversidade, deteção e gestão de *Fusarium oxysporum* f. sp. *niveum* causando doença de murcha vascular da melancia (*Citrullus lanatus*): A Review. *Agronomia*, **11**(7): 1310.

Ramaiah, A. K. e Garampalli, R. K. H. (2015). Atividade antifúngica *in vitro* de alguns extratos vegetais contra *Fusarium oxysporum* f. sp. *lycopersici. Asian J. Plant Sci. Res.*, **5**(1):

22-27.

Raut, S. P. e Pawar, V. D. (2005). Seleção de variedades de melancia contra as principais doenças nas condições de Konkan. Resumo apresentado em 6th Simpósio nacional sobre estratégias adequadas de proteção das plantas, *J.Environ. Public Health*, 15-17.

Ravikumar, M. R.; Prakash, B. G. e Somasekhara, Y. M. (2001). Avaliação de fungicidas contra a murcha da amoreira (*Fusarium* sp.) *em* condições *in vitro* e *in vivo*. *Crop res.-hisar*, **22**(2): 248-250.

Relevante, C. A. e Cumagun, C. J. R. (2013). Controle da murcha de fusarium em cabaça amarga e cabaça de garrafa por biofumigação usando mostarda var. Monteverde. *Phytopathol. Plant Prot.*, **46**(6): 747-753.

Sankeshwari, S. (2005). Estudos sobre o complexo de murchidão da beringela e a sua gestão. *Tese de Mestrado* (*Agri.*), Dr. Balasaheb Sawant Konkan Krishi Vidhyapith, Dapoli, Índia.

Scarlett, K. A. (2013). Epidemiologia de *Fusarium oxysporum* f. sp. *cucumerinum* em pepinos de estufa. *Tese de doutoramento* (*Agri.*), Universidade de Sydney, Faculdade de Agricultura e Ambiente.

Schmitz, H. (1930). Técnica dos alimentos envenenados. *Ind. Eng. Chem. Anal. Ed.*, **2**(4): 361-363.

Sesan, T. E.; Enache, E.; Iacomi, B. M.; Oprea, M.; Oancea, F. e Iacomi, C. (2017*).* Atividade antifúngica *in vitro* de alguns extratos vegetais contra *Fusarium oxysporum* em groselha preta (*Ribes nigrum* L.). *Ata Sci. Pol. Hortorum cultus*, **16**(6): 167-176.

Shah, N. e Jiskani, M. M. (2014). Teste de patogenicidade e nível de inóculo da murcha de fusarium da cabaça de garrafa (*Lagenaria siceraria*). *Persian Gulf Crop Prot.*, **3**(3): 54-62.

Sharma, D. (2019). Estudos sobre a murcha de fusarium do pepino (*Cucumis sativus* L.). *Tese de Mestrado (Agri.)*, Universidade de Horticultura e Silvicultura Dr. Yashwant Singh Parmar, Solan, Índia.

Shrivastava, A. e Agrawal, V. (2010). Gestão biológica integrada da murchidão do grão-de-bico causada por *Fusarium oxysporum* f. sp. *ciceri*. *Int. J. Plant Prot.*, **3**(1): 89-90.

Singh, D. (2007). Papel dos fungicidas e dos agentes de biocontrolo na gestão da murcha de fusarium da malagueta. *J. Mycol. Plant Pathol.*, **37**(2): 361-362.

Singh, G. P. e Khare, K. B. (1974). Fusarium wilt, uma nova doença de *Trichosanthes dioica* de Varanasi (Índia). *Indian Phytopathol*, **30**(3): 266-267.

Sultana, N. e Ghaffar, A. (2010). Efeito de fungicidas, antagonistas microbianos e bagaços de óleo no controlo de *Fusarium solani*, a causa da podridão das sementes, da infeção das plântulas e das raízes de cabaça de garrafa, cabaça amarga e pepino. *Pak. J. Bot.*, **42**(4): 29212934.

Tosi, L.; Buonaurio, R. e Guiderdone, S. M. (2000). Murchidão do pimento causada por *Fusarium solani* na Itália Central. *Atti, Giornate fitopatologiche, Perugia, 2:* 305-306.

Turoczi, G.; Posta, K.; Badenszky, L. e Ban, R. (2011). Murcha de Fusarium da melancia causada por *Fusarium solani* na Hungria. *J. Plant Breed. Seed Sci., 63:* 23-28.

Vincent, J. M. (1947). Distorção de hifas de fungos na presença de certos inibidores. *Nature*, **159**(4051):850-850.

Waghmare H. B. (2013). Gestão do complexo de murcha de fusarium da malagueta (*Capsicum annum* L.) causada por *Fusarium* spp. com fungicida e bioagentes. *Tese de Mestrado (Agri.)*, Dr. Panjabrao Deshmukh Krishi Vidhyapeeth, Akola, MS, Índia.

Wheeler, B. E. J. (1969). An introduction to plant diseases. pp. 374

Yadav, K.; Meena, N. L. e Jat, R. P. (2019). Gestão de *Fusarium oxysporum* f. sp.

radiciscucumerinum causando podridão de raízes e caules de pepino: A review.*Int. J. Fauna Biol.*, **6**(4): 105-108.

Zang, R.; Zhao, Y.; Guo, K.; Hong, K.; Xi, H. e Wen, C. (2018). A análise da variação genética populacional da murcha da cabaça amarga causada por *Fusarium oxysporum* f. sp. *momordicae* na China pelo marcador molecular Inter Simple Sequence Repeats (ISSR). *bio Rxiv*, **4**(2): 40-77.

Printed by Books on Demand GmbH, Norderstedt / Germany